How to make the baker
パン屋さんのつくり方
私たちの店はこうしてできました

サ マーシュ　西川功晃　西川 文
Takaaki Nishikawa & Fumi Nishikawa, Ça March

旭屋出版

Ça Marche
Ça Marche

LOAD LINE
ECHIRE
ECHIRE

濱口竜介
OCICA
人気

ハード トースト
カンパーニュ
¥263-

クグロフ
¥189-

L'ITALIA
DEL PANE

人気ブーランジェのDNA
バラエティーパンの教科書

PAIN

CONTENTS

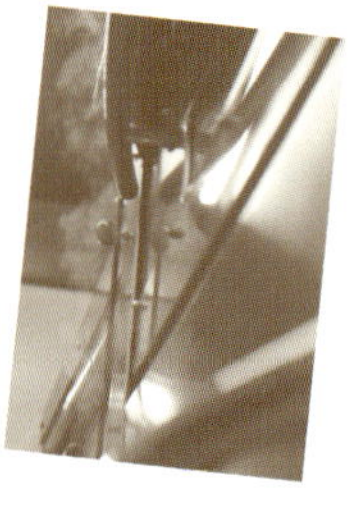

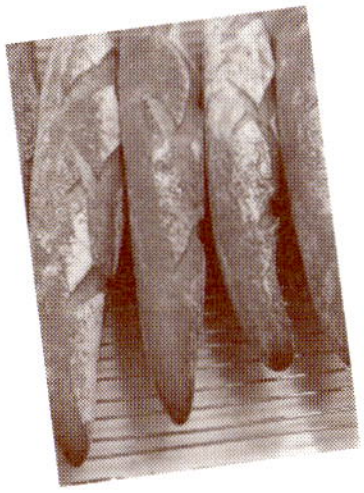

<お読みになる前に>

・本書は神戸にある「サ マーシュ」の物件探しから完成、現在(本書制作時)までを記しています。
写真は工事以前、工事中、完成後、その後と、時期の違うものが混在しています。

・パン、設備、値段などについての具体的な記述は、2014年1月現在のものです。

PART 1

店舗をつくるまで

西川は、結婚当初から、いつかは自分の店を持つと話していましたが、具体的に考え始めたのは2006年でした。
設計をお願いした丹生眞理子さんと話し合いをはじめたのも2006年。6月1日に西川と丹生さんのイニシャルをとった「N プロジェクト」をスタートさせました。その日のノートを見ると、“N Project Start!! Ama manie re…自分流で”と記しています。

その日から開店までの4年間を、私たちの店づくりの経過としてご紹介します。

西川　文

パンに似合う店とは？

「どんな店にしたかったのですか？」「最初に思い描いたイメージは？」「店づくりのコンセプトは？」などと聞かれても、はっきりした答えは出てきません。だんだんに形つくられていった、というのが本当のところ。細かい切り口を頭に入れていくうちに、それが集合されてひとつの建物のイメージになった感じです。

ただ私には、「西川のパンだから」という思いが強くありました。「西川のパンだから」意味のないパン屋さんをつくるわけにはいかない、「西川のパンだから」どこにもないパン屋さんにしたい、「西川のパンだから」納得のいく「ひとひねり」がほしい。ずっと、それを考えていました。

どなたにも、自分のパンだから、こんな店が似合うかな、こんな風に並べたい、などの思いがあるでしょう。それを広げ、高めていくことで、イメージが徐々に固まってくるのだと思います。

思いつく言葉を集める

皆で店名を考えながら、話し合いに出てくる言葉を記録していきました。
断片的ではあるけれど、イメージづくりに非常に役立ちました。

パンにたいせつなものは？　……真面目な、健康的な、素朴、シンプル。

どんなパン？　……HET BROOD DAGELIJKS。「毎日のパン」というこの言葉は健全で明るい感じ。

どのように食べるパン？　……糧。日々のパン（糧）。再び、毎日のパン。思いは「毎日のパン」に戻っていきます。

店のイメージは？　……日々のコミュニケーションが行き交う店。明るい、光、清潔感。

店名候補「まる」　……大きな丸テーブルにすべての客が座り、まるで大家族。

店名候補「ニュートラル］　……とどまらない、動き続ける、回転し続ける。

店名候補「UMAI」　……うまい。胃に響く。

キーワード　……骨太。丹生さんが西川のパンを評して、骨太な感じがすると言われました。
「骨太」という、それまで考えてもみなかった言葉は印象的でした。

店内の様子　……丹生さんに教えられて見た建築家ルイス・バラバンの建てた家からのイメージは、
アカデミック、図書館風、聡明。

これらの言葉が、最後になって非常に大きな意味を持つことになりました。

パンをだれにどう売りたいか

だれに

それまで西川がパンづくりをしていた『ブランジェリー コム・シノワ』は、神戸の中心・三宮駅近くにあったので、遠方から来られる方、観光やショッピングの途中で寄る方、情報誌を見た若い方など、さまざまな方が全国から来てくださっていました。それはそれで充実していましたが、今度は、近所の方が気軽に来てくださるような住宅地のパン屋さん、と漠然と思っていました。

もちろん、神戸・三宮という土地柄、神戸近辺から来てくださるでしょうし、観光の方もいらっしゃるでしょう。ご近所の方には毎日のパンを、遠くからのお客様には今まで通り神戸らしいパンを買っていただきたい。その思いは今も変わっていません。

どんなパンを

『コム・シノワ』のパンの棚は、「花畑のように色とりどり」と言われることがありました。デニッシュにフルーツや野菜をいっぱいのせたパン、茹で卵をまるごと1個挟んだサンドイッチなど、『コム・シノワ』発信で全国に広まったものが、たくさんあったと思います。すべて、『コム・シノワ』の荘司 索オーナーシェフと西川の「おしゃべり」から生まれた傑作です。

今度は、店の方向性が違うので、パンも全く変わるはず。でも、この段階では、具体的なパンの姿は私たちには見えません。いつも通り忙しく立ち働く西川の頭の中で少しずつは形成されていたでしょうか。

『ブランジェリー コム・シノワ』の厨房は未明2時頃から夜の11時頃まで忙しく、そして店頭の華やかなパンは全国の注目を集めた（写真は旭屋出版『パンの教科書』から）

最終イメージへ

そうして行き着いたのが、「コミュニケーションのあるパン屋さん」です。
たとえば魚屋さんのように、お客さんと話をしながら対面販売する店。私は、『タカキベーカリー』に勤務していた頃、「人と親近感をもって話したかったら『対話』でなく『会話』しなければいけない」と、上司に教えられました。具体的には、向かい合わせに立つのは、対立の関係。親しく語りたかったら横に並んで話しなさい、と。その言葉が思い出され、パンの前にお客様と並んで立つ、「会話」のあるパン屋さんにしようと提案しました。

そのイメージを決定的にした1枚の写真があります。出合ったのは雑誌の中。今はない『旅』（新潮社）に掲載されていた『Boulangerie Maillard』というパリのパン屋さんでえす。「まるで美術館のよう」と書かれていますが、「美術館のようにキレイ」という意味ではありません。美術館では人は一定の距離をおいて絵と向き合いますが、同じように、店内に設けられた柵を隔ててお客さんがパンを見ている風景がそこにありました。

お客さんと横並びに店員がいて、パンを眺めながらパンの説明をして、「このパンに決めるわ！」と言って買っていただく…私たちが思い描く「コミュニケーションのあるパン屋さん」は、このシステムだ、と確信しました。

候補地を歩く

イメージを決めることと並行して行ったのが、物件探しです。
「N プロジェクト」ができた頃から、時間があれば候補地の周辺を歩いていました。
店舗の形としては戸建てを考えていて、複合施設やマンション内は念頭にありませんでした。できれば、すでにある建物を改装して使いたいと思っていました。
場所は神戸、阪神間（神戸と大阪の間のエリア）と決めていました。西川の出身地は京都、私は広島ですが、西川がパン職人として過ごした神戸近辺以外に候補地は考えられませんでした。ですから歩いたのは、神戸市の東寄りと芦屋市あたりを中心に。芦屋は魅力的な町ですし、ソーセージの店『メツゲライ クスダ』があって、親しくしている楠田裕彦シェフと一緒にやりたいとも思いました。しかし、希望した物件には資金が足りないことに加え、自宅から遠いこともあって断念しました。子ども達のことを考えると転居しないで済むことも条件のひとつです。それに、西川の師、フィリップ・ビゴさんの『ビゴの店』の近くは失礼な気がしました。場所を決める際に、そのような、人としての配慮はたいせつなことだと思います。

結局、最寄り駅は三宮で、山手幹線（※）より北側のエリアに絞って探す結果になりました。最終的には、自分が好きな地域、身近な地域になるものですね。歩き回ったのは無駄だったとも言えますが、いろいろなエリアに足を運んだからこそ納得できた、と思っています。

（※）山手幹線は兵庫県の都市部を横断する幹線道路。神戸中心部周辺では山手幹線の北か南かでエリアを表現することが多い。

難点が逆転、決め手になることも

「パールストリート」はかつては真珠会社が多かった通り。自宅から近いこともあってよく歩いていました。市街地から少し離れた静かな場所、北側に住宅地が広がる一方で、観光目的の方も多いという一帯です。
そのパールストリートにある建物に、「テナント募集」の看板が立っていました。かなり前から見ていたのですが、積極的にアプローチしたことはありませんでした。店舗となる建物が、道路からは見えない奥まった場所にあったからです。「道路から見える店でないとダメ」と無意識に考えていたのだと思います。

そんな折、偶然、知り合いの不動産業の方がその物件を扱っていることを知りました。
そのことで親しみを感じたのか、ある日、前を通った時に突然ひらめくように、「道路から奥まっていてもいいかもしれない」と思い、さらに見ているうちに、「道路から見えないことを、逆に、よいほうに生かせるかもしれない」と…徐々に考えが変わっていきました。

契約を結ぶ前に押さえておくべきこと

借りようとする場所が、どんな種類の地域分類になっているかを調べることがたいせつです。
地域によってはパン製造・販売業を営むことができない場合があり、思っている広さの店舗や厨房がつくれない場合もあるからです。

私たちが借りようとしていた場所は、第二種住宅地なのでパン屋の開業は可。厨房には、50平方メートルまで使えることがわかりました。

家賃の目安

家賃の目安は、一般的に、「1日の売り上げの3日分」だと教えていただきました。

体勢が整ってきたら、コーヒーも置いて、パン教室も開いて、と計画はありますが、まずは最少人数でパンをつくって売ることから始めようと話し合いました。

1日に何人の来店があり、平均どのくらいの売り上げが見込めるか、という当初の1日の売り上げ目標を考えました。

物件を決める

2010年３月、この場所に決めました。

後から、西川が出入りの業者さんに、「ここは子ども達の通学路だからね」と言っているのを聞き、ここに決めてよかった、と思いました。以前の『コム・シノワ』にいた頃は、出かけるのは子ども達が起きる前、帰るのは寝ついた後という生活でしたから、子ども達の生活圏内に店ができるということが、うれしかったのでしょう。
朝は早く夜は遅いという仕事の形を考えると、家庭と店の距離をじょうずに縮めることも、場所選びのポイントかもしれません。

改築前の建物。アパレル会社の事務所兼倉庫だった

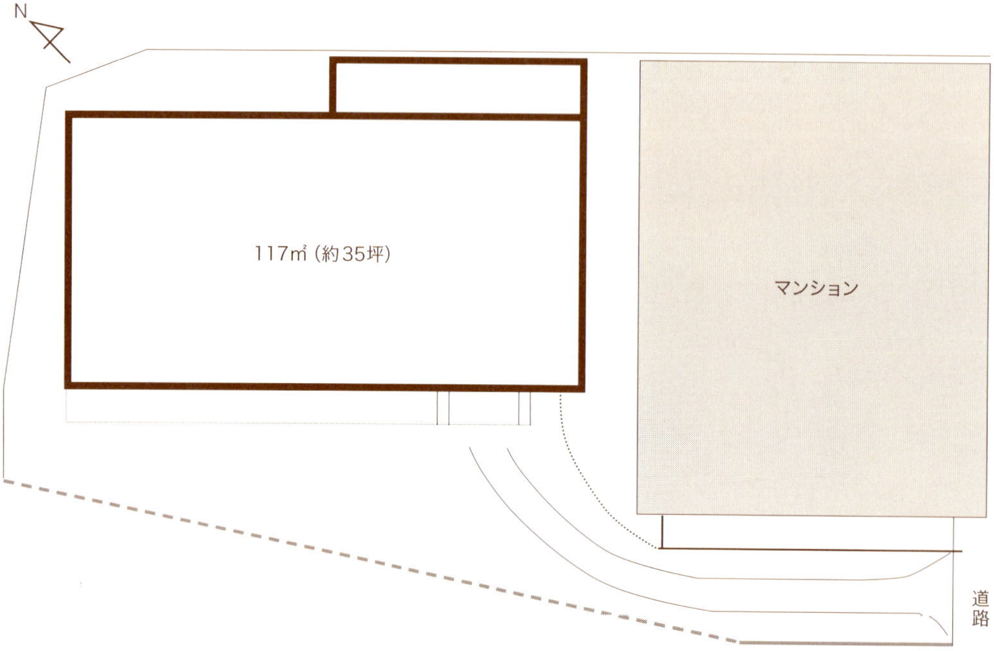

約45坪の敷地に建つ平屋で面積は約35坪。右のマンションには素敵なヴィンテージの器が並ぶ『カフェ アンティーク マルカ』、左隣は親しくしているフレンチレストラン『キュイジーヌ フランコジャポネーズ マツシマ』

門柱の奥・右手に建物があるが、道路からは見えない

周囲が店づくりに向けて動いてくれている間、自分はといえば、相変わらず『ブランジェリー コム・シノワ』で忙しい時間を過ごしていました。こんな店に、とか、こんなパンをと頭には浮かぶものの、具体的な絵を描く時間はありません。販売スペースは妻に任せ、自分は厨房スペースを中心に考えました。

機械の選定と配置を進めるうち、設計プランを変更する箇所も出てきましたが、関わってくださった皆さんのおかげで無事に完成することができました。

西川功晃

設計から完成までの進め方

新築でなく改装なので、次のような順番で進めました。

1 設計
2 見積をとる
3 施工者の決定、依頼
4 見積調整
5 工程表の作成
6 施工
7 引き渡し前のチェック
8 手直し
9 完成、引き渡し
10 開店

SOLID PLAN・堺 裕二さん
数多くの変更にも的確に対応していただきました

設計

設計は3月からはじめて最終設計図は7月末。おおよそ5か月かけました。もっと早くできる場合もありますが、時間をかけることで、納得のいくものになったと思います。

見積

施工の見積は数社からとる（相見積）ことが普通だそうです。しかし私たちは、設計士の丹生さんが信頼する工務店『ソリッドプラン』の堺 裕二氏にお願いすることにはじめから決めていましたので、見積を比較することはしませんでした。

施工者の決定、依頼

前述のように、丹生さんからのご紹介で、即、決定しました。施工者は工事の総監督ですから、信頼関係が築けないと辛いのですが、そんな心配もなく意思疎通はスムーズにいきました。
私たちの場合は何の問題も起きませんでしたが、トラブルを避けるには、施工主（店をつくる人）が施工者（工務店）に希望や注文を伝える時は、設計士を間に挟むこともたいせつなポイントだそうです。

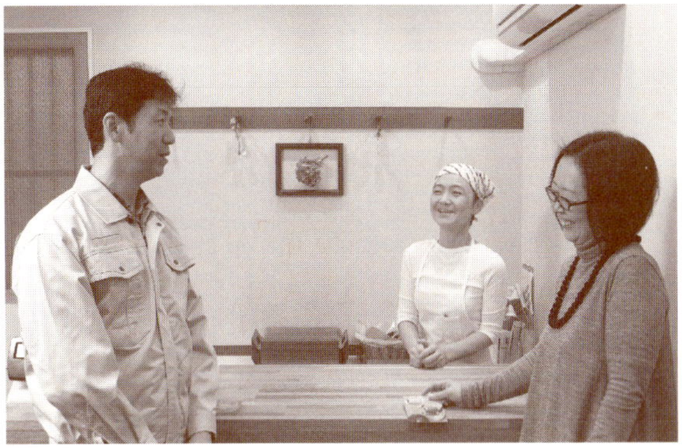

見積調整

見積と予算を照合して、調整作業。予算が無限にあるのではない限り、削る作業は出てきます。
その時のポイントは、全体のイメージは変えないように削ること。エネルギーの要る作業でした。

工程表の作成

施工に入った日から完成（予定）までの日程表をつくります。
実際には、思いがけない現場の状況や追加の工事もあり、工事の遅れに従って修正しながら進めることになります。私たちの場合も、当初の日程表から半月ほど遅れました。

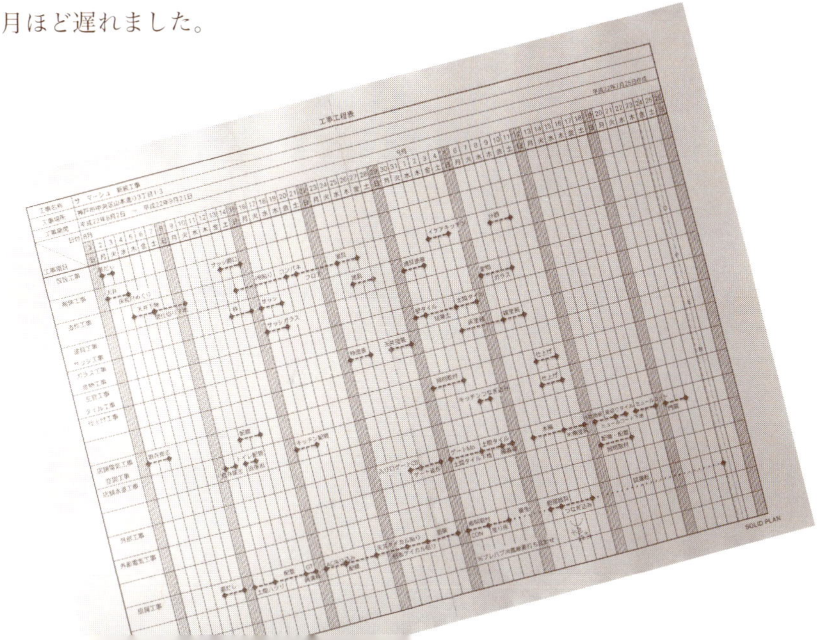

引き渡し前のチェック

すべての箇所を対象にしたチェック表をつくり、チェックしていきます。
その結果、OKが出なかった箇所のリストをつくり、手直しして再びチェックします。

完成、引き渡し

すべてがOKになれば、引き渡しになります。

これが設計から完成までのだいたいの道筋です。
次ページから、それぞれの段階をどう進めたか、振り返ってみます。

設計する前に押さえておくべきこと

設計にあたって法的制限などを確認し、必要な許可などをとっておきます。
設計士の丹生さん、施工者の堺氏にお任せした部分がほとんどですが、消防署と保健所に必要な届けをしました。保健所は図面を持参して相談すると、チェックすべき箇所などを教えてくれます。

ハード面では、前述の厨房の面積の規定の他、
電気容量が不足していないか（使いたい機器に必要な電気容量が得られるか）。不足している場合は、機器を変更するか、電力会社に相談します。
油脂を大量に使う場合は、排水経路のチェックも必要です。
その他、つくるパンの種類によって、どのような注意が必要かを保健所で聞くとよいと思います。

必要な許可、資格

開業に必要な許可証や資格も、合間にとっておきます。
私たちの店の場合は、パンの他に牛乳なども販売するので、次の許可が必要でした。

・営業許可通知書
　　飲食店営業
　　菓子製造業
　　乳類販売業
・食品衛生責任者養成講習会修了証

※店の形態や販売品目によって異なるので、確認が必要です。

資金面のこと

資金面については全くわからなかったので、最初から税理士の先生に相談しました。
また、先輩のシェフや身近な方からのアドバイスもありがたかったです。
先輩方の言葉に、実際に店を経営していくのは甘いことではないと気を引き締めました。

・初期投資はできるだけ少なくすること。店を大きくするのは、開店後いつでもできるから。
・売り上げは12か月分でなく11か月分で試算しておくとよい。
・借入は、国金（国民生活金融公庫）や県など公的機関を優先する。
・資金の配分を考える。私たちの場合、改築費用の目安は、次のような割合で考えました。機械設備が大きいですが、パンが主役なので、ここは譲れないところです。
　施工費用　1
　機械設備　3
　店舗設備　5

情報を集める

設計の相談と並行して、時間ができると、地元神戸や東京、さらに東京郊外まで出かけ、知り合いの店を見学させていただきました。
現実に動いている店を見ると、つくりたい店の形がより具体的にイメージできます。

希望を書き出す

店をつくるに当たっていちばんたいせつだと思うのは、設計士との関係です。希望を理解してくれること、細かいことまで話し合えること、違うと思うことには遠慮なくNOと言えること。とにかく、私達は丹生さんと徹底的に話し合い、思いを共有できたことがよかったと思います。

さて、設計の段階に入り、今まで漠然とイメージしてきた事柄を、具体的な形に落とし込んでいきました。
次のメモは、是非ほしいと思った内容です。
建物の段階なのにロール紙のことまで、とお思いでしょうか？ しかし、ロール紙の幅がレジカウンターのサイズを左右するということもありますから、ここでも、どんなに小さいことでも書き残しておくことが後で役立ちます。

- ・自然光が入る天窓　…『コム・シノワ』は地下店舗だったので、緑が見える窓、太陽の光が射し込む窓がほしい
- ・サンドイッチルーム　…サンドイッチをつくったりコーヒーを淹れるためのスペース　→P41
- ・パン教室　…少人数の講習会が開けるスペース
- ・厨房から店内が見える小窓（のぞき窓）　…お客様の数やパンの状態を見るために　→P39
- ・パンの新作をサービスする手段
- ・レジカウンターはシンプルな仕様ですっきりさせたい　→P42
- ・幅広のロール紙でバゲットを包みたい　→P96

動線を考える

売り方のシステムが新しい方法なので、想像しながら考えました。
店舗の動線は、人の動きだけでなく、商品（パン）の動線も考慮する必要があります。

お客様の動線は、理想を言えば、入口→購入→支払い→出口、が好ましいのですが、
改築の場合はすでにある建物の条件があるので、理想通りにはいきません。
購入するパンを選んだ後、折り返してレジに向かうようになりますが、少しでもスムーズな動線になるようにレジカウンターの向きの工夫で補いました。

お客様の動線

理想的には…

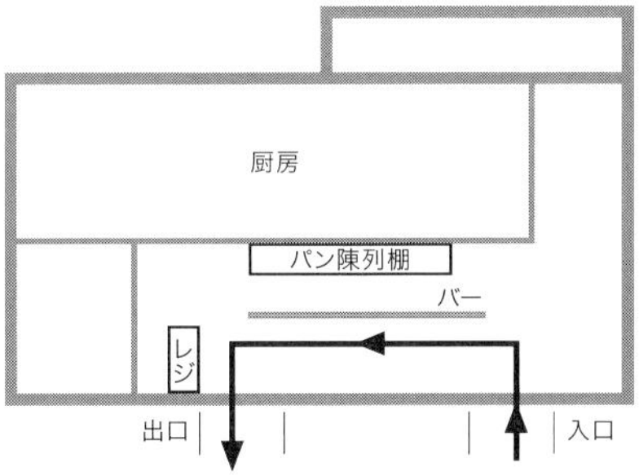

実際には…

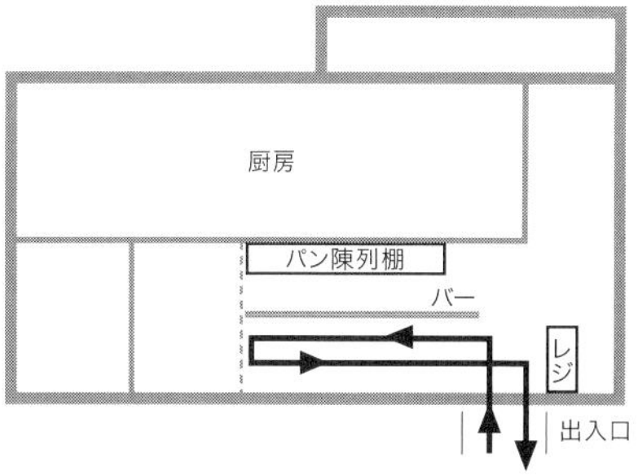

パンの動線

予定では…

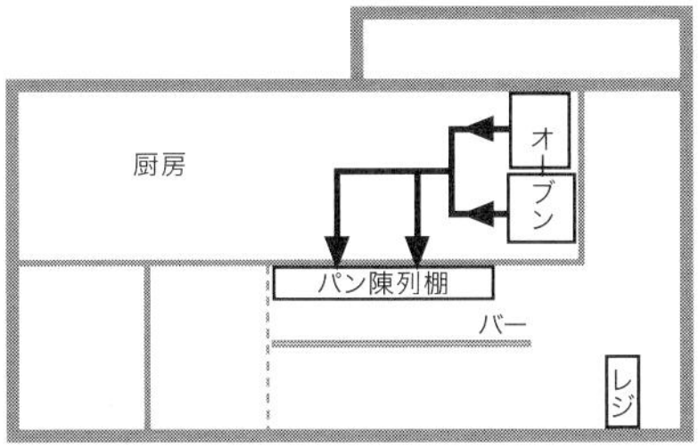

実際には… →P40

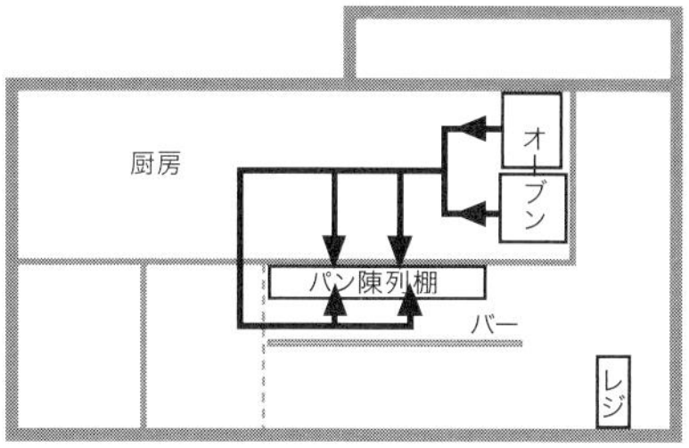

設計のあと・さき

改築の場合はすでに建物があるので、動線についてだけでも、これだけの理想と実際の違いが出てきます。
どんな物件にも条件はあるので、あきらめるべきはあきらめ、条件の範囲内で最大限によい設計をと心がけました。

よいほうに考えれば、建物があったから筋道がつけやすかったとも言えます。
通常は、どこまでさわって（変えて）よいかが問題になりますが。「契約終了の時は原状回復で引き渡し」という条件があれば、あまり大きく手を加えると、返却時に費用がかさみます。
私達の場合は、「現状回復で引き渡し」の条項がなく、大家さんも「好きなように変えていいですよ」と言ってくださって、恵まれていました。

設計士の丹生眞理子さんの言葉：
待望の西川さんのお店、新しい試みの売り方、ということで繰り返しシェフご夫妻と話し合いました。その時間の中でお互いの考えがブレの少ない形で伝わっていったと思います。「新しいものも、コンセプトがしっかりしていれば、スタンダードになっていくはず」という文さんの言葉に私の迷いも薄れていきました。新築であれ、改装であれ、最終的には皆が力を出し切って、「よいものができた」と工事に関わったすべての人が思えることが大事です。それにはなんといっても店のオーナーである西川さんの強い気持ちと、信頼感が土台になります。

丹生眞理子設計事務所・丹生眞理子さん
プランの段階から現在まで、力になっていただきました

いよいよ施工へ

設計を手直ししつつ、いよいよ施工に入りました。
次ページからの図は設計段階のものです。機械を具体的に決定していく中で、
また使い勝手を再考した結果、配置替えした箇所もあります。

販売スペース

「会話のあるパン屋さん」のために

サ マーシュの販売スペースは、コミュニケーションスペースでもあるので、
落ち着ける空間を目指しました。

中央のバーを挟んでパン棚側にスタッフが
立ち、来店客と会話する

食材の棚。以前から心惹かれていた家具
のテイストに合わせて誂えた

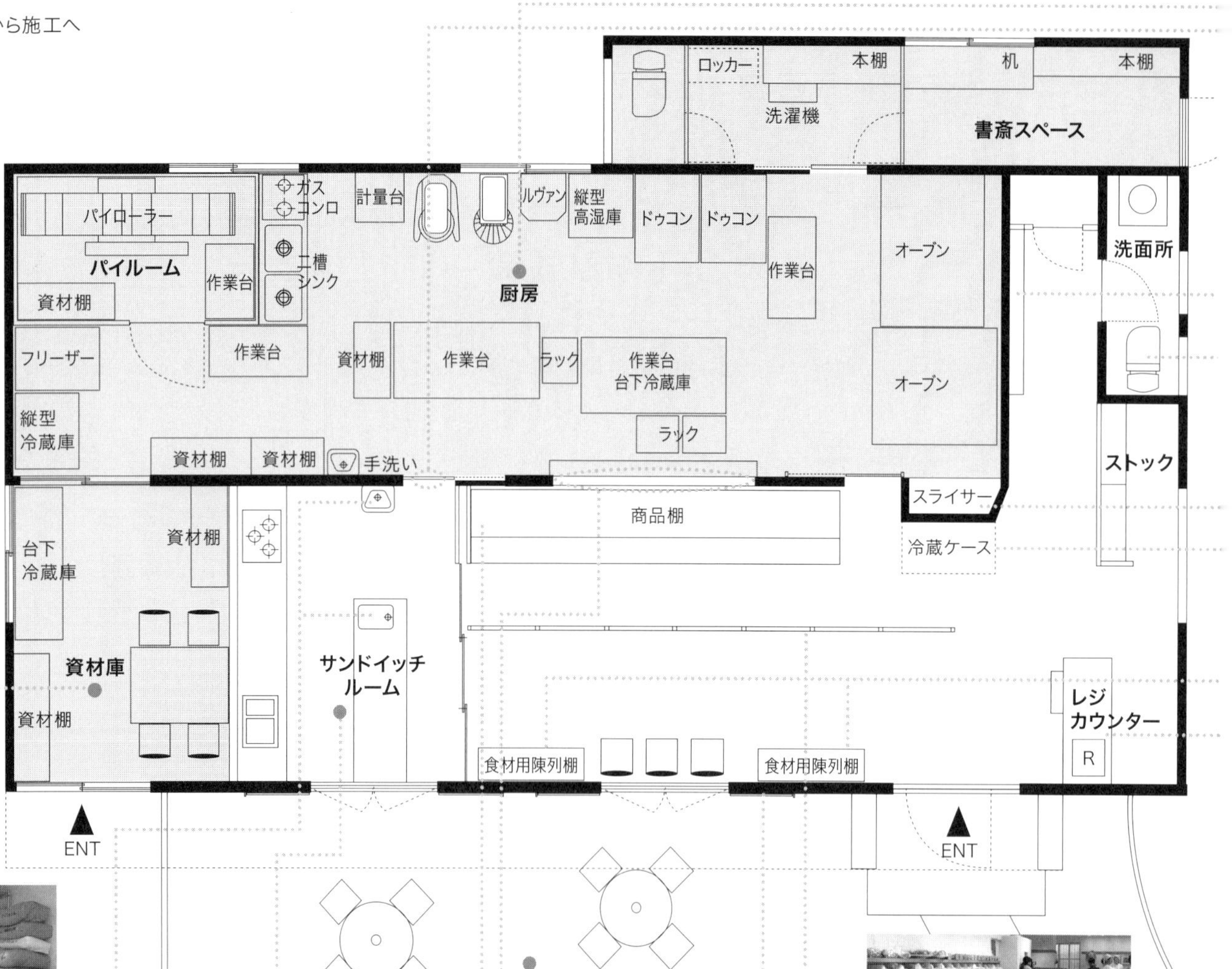

資材庫

小麦粉や米粉をストックしています。

サンドイッチルーム→ P41

コーヒーを淹れるような、ちょっとした調理をする小部屋。売り場との間はガラス戸で仕切ることもできます。

シンク

保健所の決まりで、調理する場所には、厨房とは別に専用のシンクが必要です。

パンの棚→ P40

メインの商品棚です。

カフェスペース→ P43

気持ちのよいオープンカフェでパンとコーヒーを召し上がっていただきたい、という計画を現実にした空間です。

パン受け渡し窓→ P40

厨房で焼いたパンを店内の棚に出す窓。よいアイデアだと思ったのですが…。

バー

「会話のあるパン屋さん」構想の発端になった長いバー。手ざわりのやわらかい木製で、温かみがある感じが気に入っています。

鎧戸風窓

大家さんに好きに改装してよいと言っていただいたので、こんな窓にしました。おかげで建物全体がよい雰囲気になりました。

設計を手直ししつつ、いよいよ施工に入りました。

図は設計段階のもので、施行中に配置替えしました。

厨房／厨房機器について→ P49

のぞき窓

厨房から売り場の様子が見えるように、ドアにガラスののぞき窓をつけました。お客様の動きもわかって助かっています。

飾り棚

限られた面積を有効に使いたいと思っていたので、トイレ前のこのスペースは無駄にも思えましたが、今は本などを並べて楽しんでいただいています。販売に直接はつながらないかもしれませんが、ゆとりを感じる貴重な空間です。

洗面所・トイレ

以前の建物にあった洗面所とトイレをそのまま改装しました。全体の割合からは広過ぎるのですが、今はよかったと思っています。

スライサー→ P41

設計図では厨房の中に置く予定でしたが、厨房機器を優先したため、実際には、売り場にはみ出しました。

冷蔵ケース（クーラー）

設計時はこの場所に置く予定でしたが、スライサーが売り場に出たので、冷蔵ケースと食材の棚も移動させました。冷蔵ケースはチーズやハムなどが入っています（P93）。

食材の棚→ P42

サ マーシュではパンだけでなく、パンの周辺食材も扱いたいと思っているので、そのための陳列棚です。

レジカウンター→ P42

シンプルなつくりで、幅広のロール紙を置けるように、という希望通りのレジカウンターができました。

エントランス

道路から店に至るエントランス。勾配が少しあって、店へ向かって上っていく感じが高揚感につながるか、と設計士の丹生さんは小さい坂をそのまま生かしてくださいました。路面には西川のＮの文字を。

左は工事前のアーチとエントランス、
右はＮの文字を入れた路面

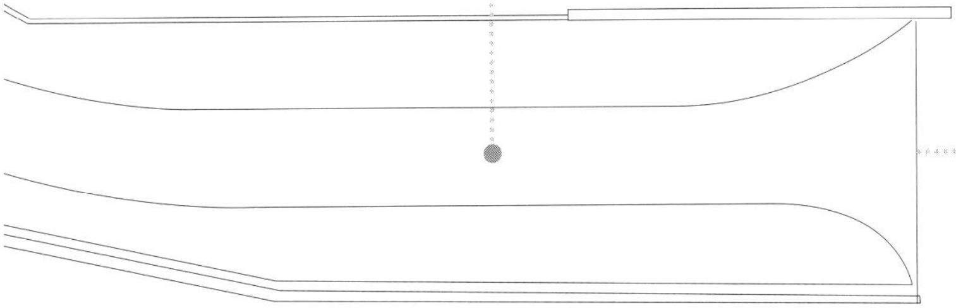

門扉→ P43

木や鉄など素材の持ち味をそのまま生かしたというのが設計の方針で、門扉は鉄でつくりました。

パンの棚

パンの棚は壁面の幅をめいっぱい使ったので、オープン前はこれで充分と思ったのですが、すぐに狭いと感じるようになりました。空きがあって寂しいよりパンが溢れているほうが楽しいですが…その計算が難しいところです。
ケーキの要素を持つ甘いパン、ラスクやシュトーレンなどは向かい側のテーブルに集めました。

現在は棚を→
設置している

パン受け渡し窓

左の写真のように、奥に見える厨房から手前のパンの棚に、パンを受け渡しできる窓です。しかし現状では、パンの量が窓から受け渡しできる分量を超えてしまって、ドアから運ばないと追いつかなくなりました。

サンドイッチルーム

サンドイッチの専用室がほしいというのは最初からの変わらない希望でした。今はサンドイッチをつくる他、棚から溢れたパンの置き場になっていますが、近い将来、パン教室や講習会の場としても使いたいと思っています。白い棚は雑誌で見つけた素敵なものを見本につくっていただきました。

スライサー

スライサーは厨房に置く予定で、横に販売スペースが見える小窓（のぞき窓）をつけました。予定が変わったので、のぞき窓の必要はなくなりましたが、飾り窓として雰囲気をやわらげているので、これはこれでよかったと思います。

スライサーには木製の囲いをつけて、売り場との区切りをつけました。

工事中は予定外のことが起こるものですが、その時に、何を優先するかを素早く判断し、最初の計画にこだわらずに発想を変えることもたいせつだと思います。

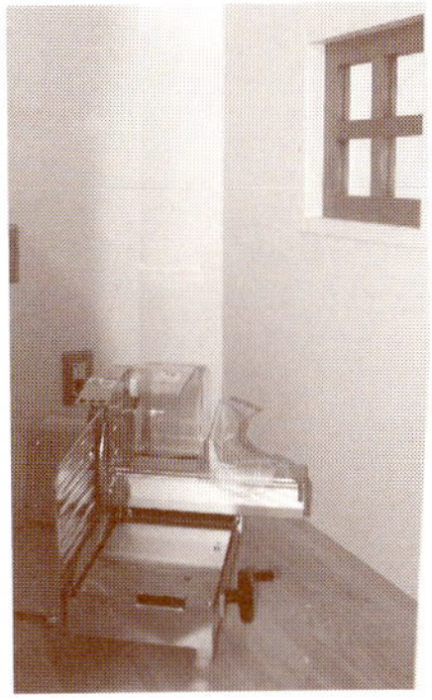

←予定では、厨房内に設置
↓現在は販売スペースに

食材の棚

自家製コンフィチュールやペースト、是非ご紹介したいと思う調味料、オリーブオイルなどを並べています（P90）。このような基本的な食材は、パンのある暮らしを広げてくれますし、使い方ひとつで他にはない我が家だけの食卓がつくれるものです。そのヒントになれば、と思って設置した棚です。

レジカウンター

入口ドアに対しての向きに悩みましたが、結局、レジの位置を変えただけで図（P38）の通りの向きになりました。絶対ほしいと思っていた幅広のロール紙は、神戸市内のメーカーさんにお願いして希望が叶いました。レジカウンターの背後は窓をつくり、入口ドアの横にもガラスを入れて採光しました。

外まわり

現在は屋根を→
つけている

カフェスペース

パンとコーヒーなどを召し上がっていただくスペース。大きなパラソルを立ててテーブルと椅子８脚を置いていましたが、風や雨の日のために屋根をつけたいと思い、開店から３年後に改装しました。

開店から３年間使った
パラソルのあるカフェ

門扉

Ça Marcheの文字が入ったアーチと花柄の扉の向こうに店は見えません。当初、大丈夫かなと心配した建物の位置も、今では、これでよかったと心から思います。

厨房スペース

動きやすい厨房とは

動きやすい厨房とは、精神的にほどよい緊張感とリラックスの両方が感じられる場所であること。なぜ精神面から考えるかというと、厨房が動きやすい空間であれば、自然に気持ちにメリハリがつけられるから。逆に言えば、精神的にシンドイと感じるなら、厨房で無理な動きをしていることになります。

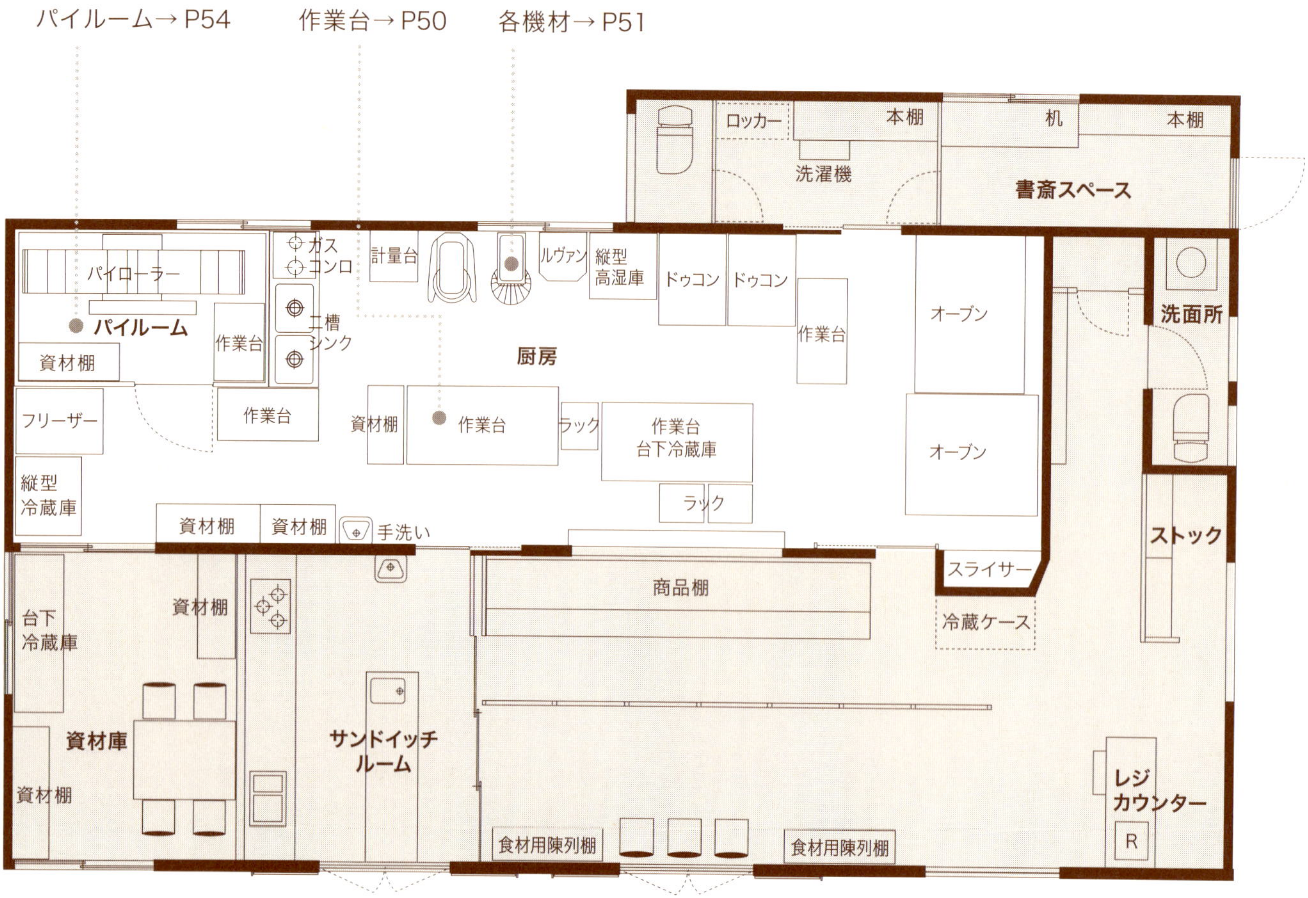

ほどよい緊張感

いちばんたいせつなのは、パンをつくる作業の流れに合わせて機械なり作業台なりが配置されていること。限られた中で、その流れをどうつくるかを考えなければなりません。楽に動けることはもちろんですが、広ければいいというわけでもなく、無駄な動きなしにスムーズに作業できるというのが理想でしょう。スムーズな動きはリズムを生み、心地よい緊張感の中で働くことができます。

リラックスもたいせつ

長い時間を過ごす厨房は、緊張感だけではもちません。休憩時間になれば、力を抜いてリラックスのひとときを過ごします。

現在、サ マーシュのスタッフは私たち夫婦とパートで働いてくださっている方たちを除いて６人。４人は厨房（製パン）、販売の２人も厨房スタッフ志望で、空きができるのを待っています。

この厨房で、全員が等しく叱られ、成長していっています。仕事の場ですから、叱られたことを引きずらずにリセットできる関係がたいせつです。また実際、叱り叱られたことを覚えていられないほど、厨房には、すべきことが次々にやってきます。

オープン当初はぎくしゃくしていた時期もありますが、今は非常にバランスのよい状態です。仕事をしていくための人（スタッフ）のバランスは、技術レベルのバランスではなく、気持ちのバランス。全員の一生懸命な気持ち、真面目な気持ちが揃えば、緊張感とリラックスを繰り返しながら、仕事の歯車もなめらかに回っていきます。

作業の流れと機器の配置

パンをつくる作業を流れで考えてみましょう。＜＞内は作業する場所です。
※パンの種類によっては多少異なります。

①生地の捏ね上げ＜ミキサー＞
❷板重にとり、混ぜ込み生地の場合はここで混ぜ込む＜作業台＞
③一次発酵＜ドゥコン＞
❹分割＜作業台＞
⑤ベンチタイム＜ドゥコン＞
❻成形＜作業台＞
⑦二次発酵＜ドゥコン＞
❽焼成前作業＜作業台＞
⑨焼成＜オーブン＞
❿焼成後作業＜作業台＞

※ドゥコンディショナー（ドゥコンと表示）は保冷、解凍からホイロ（発酵）までを行う機械。

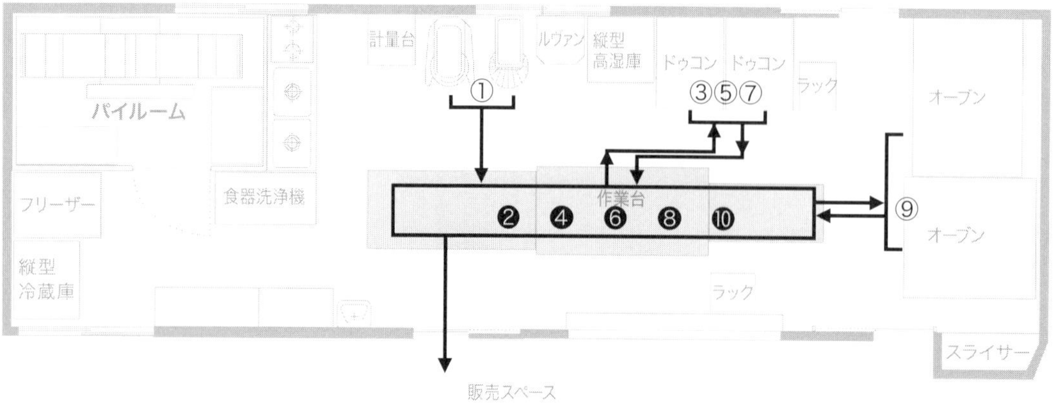

パンづくりの作業が、作業台を間に挟みながら、流れていくことがわかります。この流れがスムーズであることが、厨房にとっては、もっともたいせつです。

※右端の作業台は設計段階ではドゥコンの横にありました（P44）。しかし、作業の流れから、現在の位置（上図）に移動しました。

通路の幅

作業台と機械の間の通路の幅もポイントになります。たとえば、ミキサーから生地を取り出して作業台にのせる、ドゥコンから板重を引き出して作業台にのせるなどの時を考えてみてください。振り向くだけで移せれば、ひとつの動作でできますが、距離があれば２歩３歩の移動が必要になります。広ければよいのではなく、的確な距離をつくる、そのほうが結果的には効率よく疲れません。

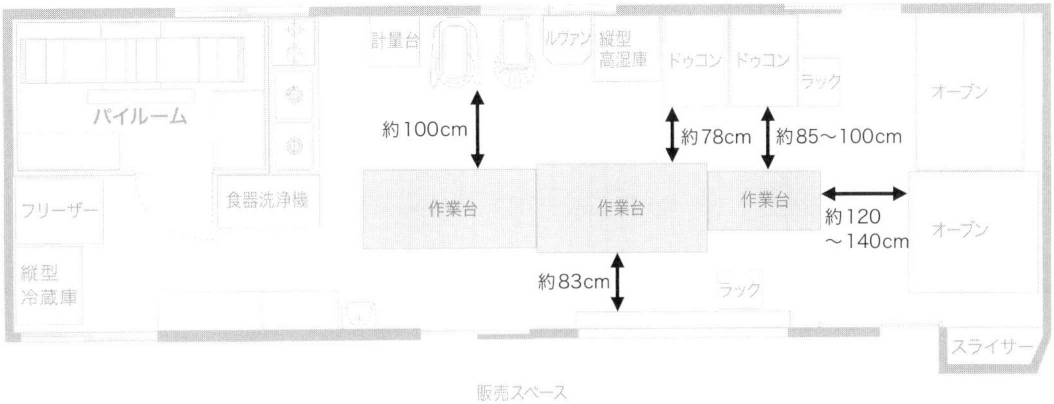

右端の作業台は可動式。作業に必要な時は動かすのでドゥコン、オーブンとの距離は一定ではありません。

図中の数値はサ　マーシュの厨房における通路の幅です。ドゥコンと作業台の間は人がぎりぎりすれ違える幅ですが、ドゥコンの60cm幅のドアを開けて重い板重を１回の動作で入れるにはちょうどよい距離です。オーブンと作業台の間は、オーブンの蓋を開けた時に必要な幅は確保しつつ、これも１回の動作で出し入れできて楽です。

必要最低限の機械は

パン屋をはじめるにあたって必要な機械だけを揃えるとしたら、その筆頭はオーブンです。ミキサーがなくても生地は手で捏ねられ、ドゥコン（ホイロ）がなくても時間をかければ発酵します。しかし、焼成にオーブンは欠かせません。

店を構える以上、現実的に考えれば、ミキサーやドゥコンも必要です。冷凍庫は必ずしもなくてもできますが、冷蔵庫は必要。そう考えると、必要最低限、揃えたいのは次の４つです。

機械を選ぶ時は、どんなパンをつくるかによって機能を吟味することをおすすめします。働いていた店で使い慣れた機種があれば、それを選ぶのも無難な方法でしょう。

ベーカーズプロダクション・
今本美智雄さん

製パン機器についてだけでなく店舗全体のレイアウトに関わっていただいて、働きやすい条件がすべて揃った厨房ができました

- オーブン →P53
- ミキサー →P51
- ドゥコン →P52
- 冷蔵庫 →P52

サ マーシュの設備から。左からオーブン、ミキサー、ドゥコン、冷蔵庫

サ マーシュの厨房

サ マーシュで使っている機械など、厨房の設備を紹介します。
選択の参考にしてください。

サンドイッチルーム側の入口から見た厨房。作業の流れに沿って、ミキサー、ルヴァン、ドゥコンを並べ、突き当たりにオーブンを2台据えている

オーブン側から見た厨房。オーブン前の作業台は生地づくりには使わないので木製。左の壁に見えるのはパンの受け渡し窓。直接パンの棚に通じている

作業台

作業台を３台、厨房の中央に据えています。ミキサーやドゥコン、オーブンとの間の通路はおよそ78〜140cm（P47）。ステンレス製の台にプラスチック板をのせたものが２台、木の板をのせたものが１台、それぞれのサイズは下図の通りです。ここで、混ぜ込み、分割、成形、焼成前の作業などを行います。

２つの作業を並行して行う場合、作業台の板面が狭いとスペースの取り合いになるので、向かい合って手を動かしてもお互いが邪魔にならない余裕を持たせました。余裕がないと無理な姿勢になって疲れるし、気を使って精神的にもよくありません。
高さも疲労に関係します。スタッフの身長が違うのである程度は仕方ありませんが、肩や腰が疲れない高さにはしたいものです。

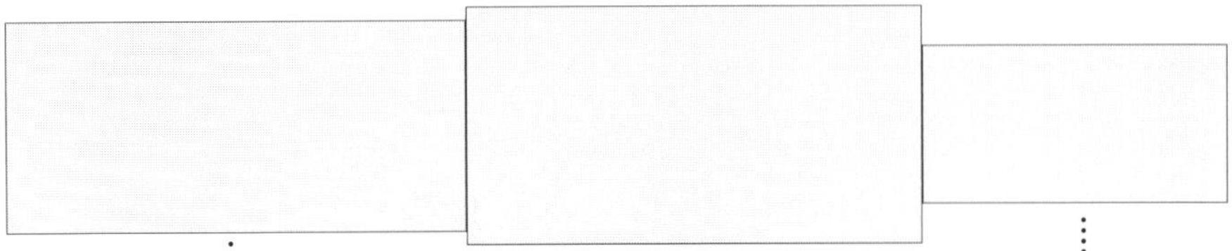

メイン作業台 1
80cm×180cm×高さ約85cm
＋プラスチック製板(2cm厚)

メイン作業台 2
90cm×180cm×高さ約85cm
＋プラスチック製板(2cm厚)

生地の混ぜ込み、分割、成形、仕上げ等に使用

オーブン前作業台
60cm×120cm×高さ80cm
＋木製板(1.5cm厚)

焼成前作業、焼成後の仕上げに使用

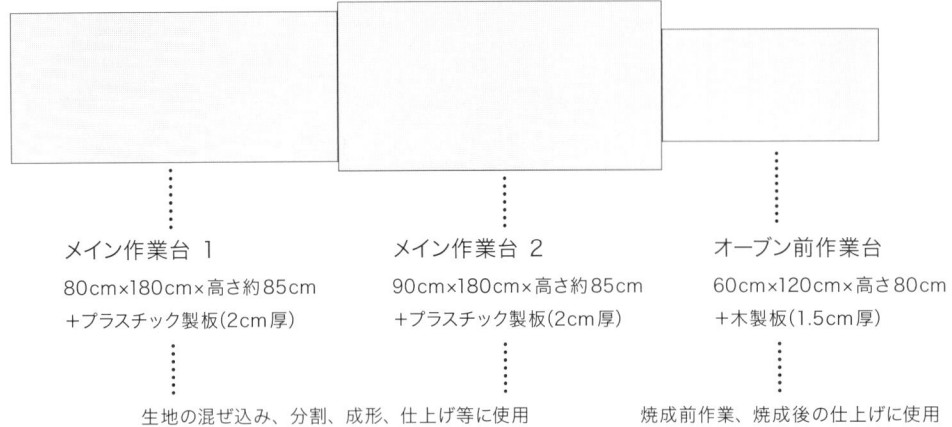

ミキサー

つくるパンの種類や量によって選ぶとよいでしょう。サ マーシュでは、2台を使用しています。縦型ミキサーは愛工舎製作所製、スパイラルミキサーはフランス・ケンパー社製です。
縦型ミキサーは、生地をたたくように混ぜます。
スパイラルミキサーは、生地を長時間ミキシングしたくないパンに向きます。いわば万能ミキサーで、高価ですが、シンプルな配合のハード系パンをつくりたいなら、スパイラルミキサーがあるといいと思います。

愛工舎製作所／縦型ミキサー
ケンパー製／スパイラルミキサー

愛工舎製作所／ルバン

ルヴァン

ルヴァン・リキッドの管理を自動的に行える発酵機です。愛工舎製作所製を使用しています。

高湿庫

成形したクロワッサン生地などを冷蔵保存します。冷蔵庫なのですが、庫内の湿度は90%以上という高湿度、冷気の対流も穏やかになるので、生地の乾燥を抑えられます。福島工業製です。

福島工業／超鮮度高湿庫

ドゥコン

冷凍、冷蔵、発酵室（ホイロ）を兼ねたドゥコン（ドゥコンディショナー）はパン屋にとっては欠かせません。

サ マーシュでは２台をフル稼働で使用しています。どちらもベーカーズ・プロダクション製です。

18段あり、１段に天板が２枚並べられるので一度に計36枚の仕込みができます。常にそれだけの量を必要とするわけではないので、１台は上下２室に分かれた形のものにしています。こちらは各８段で２室合計で32枚。ハード系、ソフト系を分けて仕込むにも便利です。

ベーカーズ・プロダクション／ドゥコン フランセ

ベーカーズ・プロダクション／
ペストリーフリーザー

冷凍庫

生地をそのまま、あるいは成形した後に、生地の発酵を抑えつつ保冷するのに使います。また、焼き上がったパンの冷凍にも役立っています。ベーカーズ・プロダクション製を３台使用しています。

冷蔵庫

設置スペースが小さくて済む小型冷蔵庫を作業台の下に置いて使用しています（P55）。冷蔵庫を選ぶポイントは、使いやすい構造と、掃除がしやすいかどうか。今の冷蔵庫はその２点で気に入っています。福島工業製を４台使用しています。

オーブン

オーブンは、つくりたいパンの種類によって火通りや作業性を考えて選ぶとよいでしょう。

サ マーシュでは２台を使用しています。１台はベーカーズ・プロダクション製の武蔵、もう１台は仏・ボンガード社製のオメガです。この２台はタイプがまったく違います。

１台だけなら、または２台を使うにしても同じ機種なら、安定した仕事ができます。違うタイプを使うのは冒険ではあるけれど、使い分けができれば楽しいですね。実際、最初は武蔵とオメガ、それぞれに対応して焼くのが大変でしたが、慣れると２台のよさを生かして使いこなせるようになりました。

武蔵は『コム・シノワ』時代から使い慣れた機種で、自分にとってはオールマイティーのオーブン。ハード系でもしっとりと焼き上がります。最近、同じ武蔵の溶岩石を使用した機種にしたところ、蓄熱効果で一層じっくり火が通ります。立ち上がりも早いし、熱が庫内に閉じ込められる感じで無駄がありません。武蔵は使い慣れているので、はじめて焼くパンを試す時にも安心して使えます。自分の思う通りに操作できる機械を持つことは強みになります。

オメガは、一言でいえば、火通りのよいオーブン。火通りがよいので、わずかな時間差で入れても焼き上がりに響くのが、操作上の注意点です。ガラス張りで中が見えるのもいいですね。

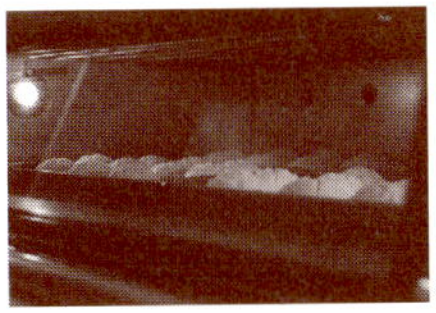

BONGARD／オメガ２（左）、ベーカーズ・プロダクション／武蔵

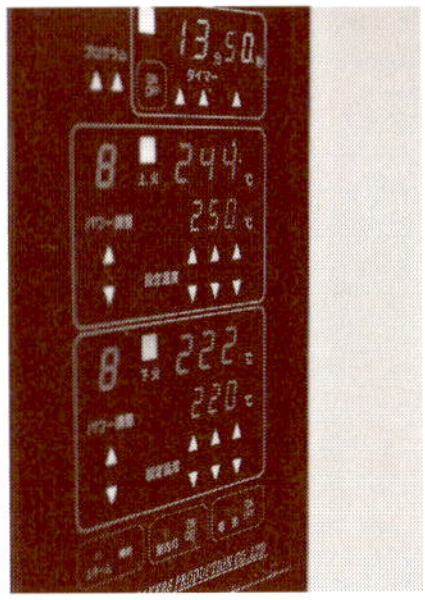

パイルーム

クロワッサン、デニッシュなどバターを使う生地をつくります。
部屋の温度は5℃に保って作業します。
パイローラーは、ボンガード社製のラミノアを使用しています。この機種を選んだ理由はパワーがあること。一度に大きな生地を扱うことができます。

BONGARD／ラミノア

ガスコンロとシンク

ガスコンロは2台、シンクは2槽式です。パンづくりに必要な作業、たとえば、ベーグルを茹でる、パンの具材を調理するなどのために使用します。

計量台

粉など材料を計量する場所はミキサーの近くに置くと作業がスムーズにいきます。はかりは30kg秤を使用しています。

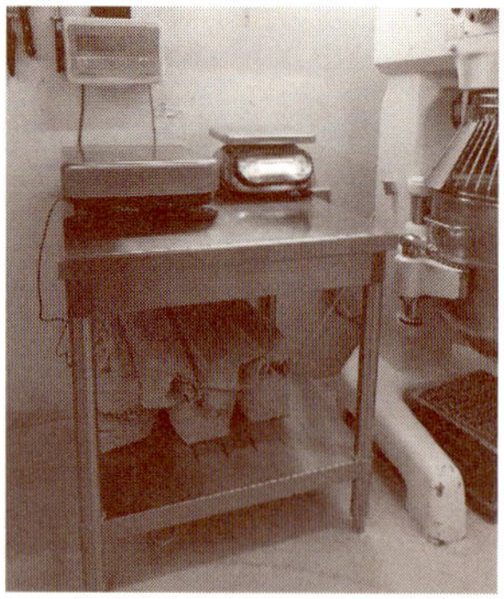

効率よく作業するために

材料や型など、パンをつくる上で必要なものをどこに置くか。工夫をするかしないかで効率がよくも悪くもなります。

●作業台下を収納場所に

ミキサーにいちばん近い作業台の下に粉の容器を並べて収納。作業台下の棚には、板重にカードやスケッパーなど小さい道具をまとめ、すぐ取り出せるようにしている

中央の作業台の下には冷蔵庫を設置。省スペースの上、バターなど食材の収納場所として重宝している

オーブン前の作業台の下。食パン型などを重ねて置き、その横にはオイル容器、チーズ容器などを収納

●作業台上を収納場所に

もっともおすすめしたい作業台上のラック。どこからも手が届く範囲に設置し、各工程で必要な板重を置いている

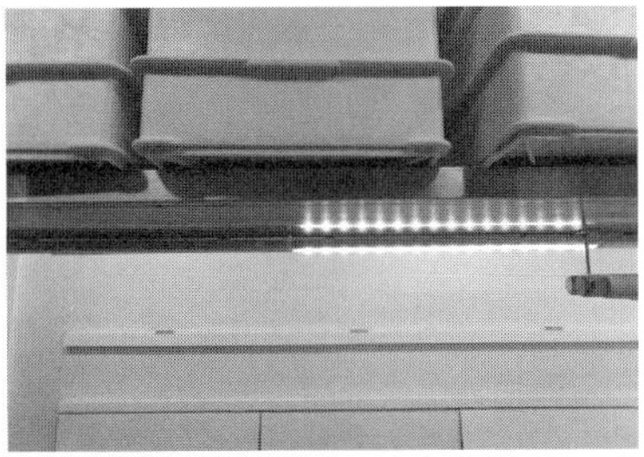

ラック下には蛍光灯をつけて作業の手元を照らすようにしている。3本に分けたので、必要な場所だけ点灯でき省エネにもなる

●天板の収納はラックで

天板は専用のラックに収納、整理しています。パン受け渡し口の下に、8枚収納のラックを2台

ドゥコンとオーブンの間に、20枚収納のラック。このラックは移動できる

もうひとつの厨房

サンドイッチルームにも小さな厨房設備を設け、簡単な調理や温め直しをしたり、テラス席のお客様からのコーヒーの注文を受けられるようにしました。

挽き立てのコーヒーをマシーンで淹れる

コーヒーマシーンはメリタ、ミルはフジローヤル（富士珈機）を使用

ガスコンロ2口の下に小型オーブンを設置

オーブンはベーカーズプロダクション社製の「武蔵 Fils」を使用

こんなこともしています

夢は、このサンドイッチルームでパン教室を開き、ゆくゆくはパンの学校に育てること。パンをつくる以外に、自分ができる範囲のことに取り組んでいきたいと思っています。

今は、パンの講習会や教室で講師をしたり、レシピ本をつくったり。テレビの料理番組に出ることもあります。どれもパンの世界を広げるために大事なことです。

社会の一員としての役目を果たすことも、大事なことと思っています。

世界中のいたるところで災害や紛争で助けを必要としている人々がいます。何かできないかと思っている中で、東日本大震災が起こりました。パン職人としてできることは何だろう、と考えた結果、パンを焼いて収益を寄付する活動をはじめたのが「ハート ブレッド プロジェクト」です。5人ではじめた活動に賛同してくださる方が増え、今では大きな輪になっています。

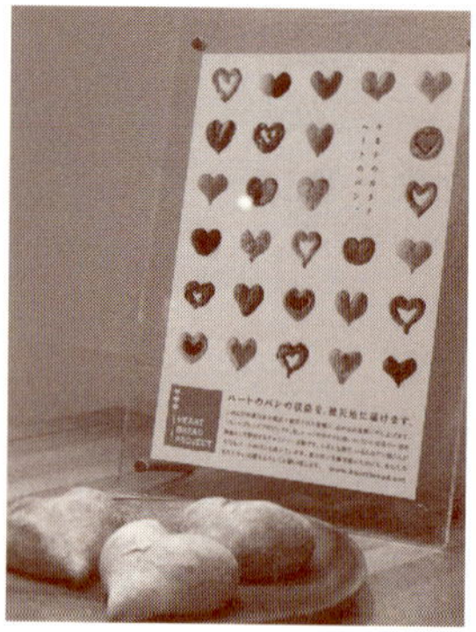

パンの形・ハートはパン職人の気持ちの形、買ってくださるお客様の気持ちの形を表しています。

PART 3

商品を決める

店舗をつくる間に、商品を決めます。

まずは、パンですが…。

忙しい日々の間、店舗づくりの時間はとれても、肝心のパンは置き去りに。普段から先々の計算はしないものの、この時ばかりはどうなるかと思いました。しかし、オープン前夜、粉を手にしたら、思いが次々にパンになって並びました。

次は、パン以外の商品について。

この店を「パンと暮らしのサ マーシュ」と名づけたのは、パンが暮らしとつながっているという意味で、暮らしの商品を置くという意味ではありません。が、パンと一緒に楽しめるものを基準に考えていったら、必然的にコンフィチュールが並び、ソーセージありチーズあり、よく切れるパンナイフもという具合に、おすすめしたいものが増えていきました。

目指したパン

主力になるパン

サ マーシュで主力にしようと思ったパンは何ですか、とよく聞かれます。皆さん、バゲットという答えを予想しているようですが、実は、そういう考え方はしませんでした。自分のカラーにしている、具体的にこれと名前を出せるパンは、もともとありません。食パンでもないし、カンパーニュでもない。強いて言うなら、食事にできるパン、素朴で着飾らないパンです。ラインナップの全体的なイメージがあればいいと思っていました。

販売形態がパンを後押し

外面ではなく内面的なパンを売りたい、と思っていました。内面的なパンとはわかりにくいですが、飾り気がなくて素朴なパンは、一見しただけではおいしいさが伝わりにくものです。食べてみたらおいしいとわかるのですが、説明なしでも売れる華やかなパンと違って、手にとってもらうのが難しい。
店を開くにあたって、今まで売れなかった「地味な」パンも食べていただきたいと思いました。それを可能にしたのが、今の販売形態です。

パンを買っていただく時は、スタッフが1個ずつパンの説明をします。その会話が買うきっかけになり、また、食べる時にその会話を思い出していただけます。こういう風に食べたらおいしい、パンが残ったらこうするといい、というような話が、パンに対する価値感を変えていきます。いろいろなスタイルのバゲットが並んでいたけれど、次はあのバゲットを食べてみようか、あのバゲットにはどんな話があるのかしら、というように、パンへの関心が広がるのですね。
ただ食べるだけでなく、ストーリーを持った内面的なパンになる…店の形態が、パンを食べる人を変え、つくる人をも変えるのだ、と思います。

何人で、どれだけのパンをつくるか

パンの種類が増加

当初は、食事にできるパンが中心でしたが、次第に甘い、いわゆる菓子パンもつくり、クリスマスにはシュトーレン、1月にはガレット デ ロワをと、増えていきました。
パンは焼き上がったら、受け渡し窓からパンの棚へ出す予定でしたが、種類も分量も予定をはるかに超え、受け渡し窓だけでは追いつかなくなってしまいました。サンドイッチルームの前には新作パンを並べるという案もありましたが、そこもスペース不足です。

5人で約100種類をつくる

開店から3年。今のスタッフは、私たち夫婦を含めて8人。そのうち製造は5人です。他にパートで来てくださっている販売の人もいます。店には平均約100種類のパンを並べています。

製造スタッフの人数とつくるパンの個数の関係は、次のような金額で表すのが一般的です。

1人 5万円分／1日

7万円分であれば、より安定します。
家賃や光熱費、雑費など経営に必要なベースの金額がありますから、人数が少ない店などはこの通りではなく、あくまで目安です。
食パンが売れる店は採算がとりやすいなどいろいろな説がありますが、時代の流れもあり、パンの種類で一概に決めることはできません。おいしいパン、もう一度食べたいと思っていただけるパンをつくることに尽きると思います。

サ マーシュのパン

次ページから、現在のサ マーシュのパンを紹介します。スタッフがお客様にする説明をそのまま記し、巻末には配合も添えました。

（向かって左側から）野菜やチーズを使った調理パンを中心に置く

調理パンの右隣にはベーグルなどセミハード系のパンを集めている

<table>
<tr><td colspan="3">山食・角食</td></tr>
<tr><td rowspan="2">食事パン
調理パン</td><td>食事パンなど</td><td rowspan="2">セ　グル、
コンプレ、
ハード系の
プティパン</td></tr>
<tr><td>食事パン・菓子パンなど</td></tr>
</table>

ブリオッシュ、あんパン、クリームパンなどの菓子パン

パン・コンプレ、セーグルなどハード系のプチ・パン

バゲット コメパーネ

米粉100％でつくったパン。皮は香ばしく、中はもっちり。きんぴらごぼう、ごまの和え物など和素材とよく合います。麩に替えてすき焼きに入れても。長さ約36cm

●生地の配合→P104

どっさりレーズンブレッド

生地と同量の大きなレーズンを加えています。ぜひチーズやワインに合わせて食べてみてください。薄くスライスしてトーストするのもおすすめです。長さ約24cm

●生地の配合→ P104

パッチワーク

黒ごま、抹茶、レーズン入りかぼちゃ、にんじんの4種類の生地を組み合わせた食パンです。スライス1枚に栄養がバランスよく入っています。約9.5cm角

●生地の配合→P104

ソフトクリームパン

アイスクリームが入っているわけではありません。ソフトな生地の中はカスタードクリーム。トッピングのアーモンドとクリームの食感がよく合います。長径約12cm

●生地の配合→P105

ルーレ ペルデュ

パン・ペルデュはフレンチトーストのこと。ブリオッシュ生地で小さなフレンチトーストとカスタードクリームを巻き込んで焼きました。直径約12cm

●生地の配合→P105

ショコラ レザン マカロン

レーズン入りのチョコのブリオッシュ生地にアーモンドクリームを塗って仕上げています。やわらかい生地と香ばしいアーモンドが合い、食感もgood。直径約11cm

●生地の配合→P105

プティ クリームパン

ソフトクリームパンと同じ手づくりカスタードクリームを包んでいます。トッピングはアーモンドのクリーム。生地とやさしくなじんでいます。直径約8cm

●生地の配合→P105

ベーグル モワティエ

モワティエとは、フランス語で半分ずつ。サ マーシュのベーグルは米粉と小麦粉を半々に使っていて、もちっとしています。直径約11cm

●生地の配合→ P106

ベーグル モワティエ チーズ

ベーグル モワティエ ナチュールにたっぷりのチーズ。手軽な朝食や夜食、おやつにもぴったりです。ソテーしたハムやベーコンをはさんでも。
直径約11cm
●生地の配合→P107

パン ドゥ ○《マル》

ベースはフランスパンの生地。それにきびら糖を加え、新しい味わいのパンができました。○（マル）と名づけたドーナツ型は、しっとりしています。直径約15cm

●生地の配合→ P107

抹茶のパン ドゥ

抹茶入りのパン ドゥは棒状にしてクープを入れています。抹茶が入ると人気度アップ。パン ドゥ〇はジャムが合いますが、こちらは餡との相性抜群です。長さ約20cm

●生地の配合→ P107

りんごとサツマイモ シナモン風味のライ麦パン

粉全体の半量くらいのライ麦を入れています。軽めのライ麦パンですが、りんごのプリザーブやさつまいもが加わって、一層食べやすくなっています。直径約8cm

●生地の配合→ P107

しそじとサツマイモ ルーレ コメパーネ

サツマイモの甘煮を巻き込んだ米粉でつくったロールパンです。しそを加えることで、さつまいもの味が引き立っています。直径約10cm

●生地の配合→ P108

ハートのモワティエ

ハート ブレッド プロジェクト (P56) 対象のパン。米粉と小麦粉半々のパンゆえ、見た目ほどかたくはなくて食べやすい。ジャム、餡、何でも合います。長辺約8cm

●生地の配合→ P108

クラム フリュイ

たっぷりのドライフルーツとパンクラムを餡にして、やわらかい生地で包んでいます。ドライフルーツ好きにはたまらない一品です。直径約9.5cm

●生地の配合→ P108

ソフトブリオッシュ
チーズ

卵を加えたほんのり甘いブリオッシュ生地の上にチーズをのせて焼いています。やさしい甘さと少しの塩気。半分にカットしてサンドイッチにしても。直径約10cm

●生地の配合→P108

ソフトブリオッシュ
クランベリー

ソフトブリオッシュ　チーズと同じ、ほんのり甘い生地に甘酸っぱいクランベリーを加えています。スライスしてフレンチトーストにしてもおいしいです。長径約15cm

●生地の配合→P109

カンパーニュ

ライ麦全粒粉、小麦全粒粉を使った天然酵母のパン。噛みしめるほど酸味と旨味が感じられます。時間経過とともにスライスは薄くし、トーストしてどうぞ。直径約25cm

●生地の配合→ P109

ショコラ カール

ショコラだけど甘くないフランスパン。軽い仕上がりです。いろいろなお料理に合わせて味わってみてください。
長さ約17cm

●生地の配合→ P109

セーグル フィグ

軽めの食感に仕上げたライ麦パンにドライイチジクを加えました。サ マーシュのイチジクはセミドライなので、ジューシーで生地との一体感があります。長さ約12cm

●生地の配合→ P109

ブレスレット

全粒粉の生地をねじって、仕上げに塩をふりました。シンプルだからこそのおいしさなので、このままでバリバリ食べていただければと思います。
直径約12cm
●生地の配合→P110

クランベリーとボイセンベリー クリームチーズ入り

生地が赤いのは、ボイセンベリーの果汁を加えているから。クランベリーも入れているので甘酸っぱい仕上がり。クリームチーズとよく合います。直径約8cm

●生地の配合→P110

チェダークッペ

大きくカットしたチェダーチーズをたっぷりと包み込んだフランスパン。シンプルな組み合わせは、飽きがきません。長径約15cm

●生地の配合→P110

マルグリ

マルグリは、花のマーガレットのこと。大勢の時、ポンと置くだけでテーブルが華やかになります。ひとつずつちぎりながら、どうぞ。全体の直径約22cm

●生地の配合→P110

クーロンヌ

クーロンヌは、王冠のこと。フランスパン、バタールと同じ生地を大きな輪にしました。内層には気泡があって粗く、サクサクした食感です。直径約15cm

●生地の配合→P111

プリミティブ イタリアーノ

フランスパンの生地を大きく焼き上げ、オリーブオイルと塩で仕上げています。外皮はオリーブオイルの香ばしさ、中はしっとりしています。長径約24cm

●生地の配合→P111

米粉のクロワッサン

うすーいお餅を想像してください。パリッとする、その感じが出ています。中はもっちり。とてもおいしいです。長さ約10cm

●生地の配合→P111

ガレット デ ロワ

キリストのエピファニー（公現）を祝う新年に欠かせない伝統菓子です。フェーブがひとつ入っていて、当たった人は王冠をかぶせてもらって、その一年は幸せ。パーティーも盛り上がりますね。直径約23cm

●生地の配合→P111

フランスの文化のひとつであるガレット デ ロワを広く知っていただきたいと、全国のシェフが集まる「クラブ・ドゥ・ラ・ガレット・デ・ロワ」にも参加しています。

パンのある暮らしのための商品

パンを中心とした暮らしを思う時、まず浮かぶのは何でしょう。バター、ジャム、ハムやソーセージ、チーズなど。サ マーシュのパンには、オリーブオイルもたいせつです。そしてパンをカットするためのナイフなどの道具、パンを買って帰る時のエコバッグ。いろいろありますが、「何でもあり」にはしたくない。おいしいパンには、おいしいジャムを。道具類は使いやすいものを。自分たちで使ってみて、お客様にもおすすめしたいと思うものだけを置くことにしました。

調味料やジャム、自著などが並ぶ棚。引き出しには補充のための予備の品を収納している

食材の棚　パンのすぐ近くで活躍する食材を並べています。

自家製コンフィチュール

サ マーシュの厨房で生まれるジャム。季節やつくる時々で変わるので、まったく同じものが出ることはありません。広島産のレモンをジャムにした「瀬戸田レモン」、梨やバナナ、マンゴーなど数種類のフルーツとナッツを使ったスパイシーな「ノエル」、香ばしいさつまいもの「キャラメルパタート」。組み合わせに工夫したものでは、洋梨とシークワーサーの「シークワーポワール」、「マスカットと生姜のジャム」など。また、みかんジャムが好きで、「姫路みかんジャム」など、折々につくります。

I.D. フルーツプラス
セミドライフルーツ

フランスのI.D. フルーツプラス社製。フランス名産のプルーンをはじめ、どれもジューシー。安定性が高く傷みにくい。輸入元はロッテガロンヌ商会。

カラマタ
ブラックオリーブ

オリーブオイル発祥の地・ギリシャの大きく肉厚なオリーブ。種あり。残ったオイルはドレッシングなどに。販売者はφ（フィ）。

アールノー
タプナード ヴェール

フランス産オリーブペースト。オリーブ、ケッパー、アンチョビなどに数種類のハーブを加えた香り高いペースト。輸入元はオリーヴ ドゥ リュック。

ピエール オテイザ
バスク豚の田舎風パテ

ドングリやブナの実を食べて育つフランス・バスク地方の地種豚を、ブランデー風味でパテにしたもの。販売者は鳥新。

クロビス
粒マスタード

クロビスのぶどう果汁入り粒マスタード。フランス産。ぶどうの香りとほどよい甘さ。サンドイッチや肉料理に。輸入元はオリーヴ ドゥ リュック。

カンボジア産
アンコール ペッパー

無農薬ブラックペッパー。袋入りはドライ、左はペースト、その他は塩漬け。生胡椒のすがすがしい香りがします。販売者はFOREST JAPAN。

竹本油脂 太白胡麻油

ごまを煎らずに生のまま搾っているので、ごま独特の香りがほとんどしない、けれど旨味はしっかりある胡麻油。色も透明です。料理やお菓子に幅広く使えますし、私は、油脂分はほしいけれど香りは必要ないという場合に使っています。たとえば、米粉100％のパンでオリーブオイルやバターの香りが合わないと感じる時に。サ マーシュの棚に置いているのは遮光ガラスのびん入り。品質の劣化を防ぐだけでなくモダンな雰囲気が気に入っています。

オリーブオイル

棚の定番・2種類のEXVオリーブオイルはどちらもイタリア産。シチリアのREはフレッシュな味、ベローナのサルバーニョはまろやかな味。輸入元はサンヨーエンタープライズ。

スペイン産 ドライフルーツとナッツ

干しぶどう
完熟させ、枝付きのまま切り落として天日干ししたマスカット。枝からちぎって種ごと噛み砕き、ぷちぷちした食感を濃厚な甘みとともに味わいます。他の干しぶどうとは少し違うおいしさ。

干しいちじく
木で完熟した天然いちじくを手摘みし、天日干ししたもの。いちじくはミネラルやビタミン、食物繊維を含むバランスのよい果物。粒ごと口に入れると、満ち足りた食後感があります。

枝付きローストアーモンド
枝付きのアーモンドは見る機会が少ないと思いますが、これは枝付きのままローストした珍しい商品です。殻を開くと、香ばしい大粒の実が出てきて楽しい気分になります。
輸入元はアドヴァンス・テクノサービス。

トマト・ベジタブルナイフ

スイスのナイフメーカー・ビクトリノックスのナイフ。元来はトマトや野菜を切るためのものですが、細かい波刃がパンやケーキを切るのに最適です。

レオナルディ コンディメント バルサミコ

ぶどうの搾り液を長時間煮詰め、樽で2年間熟成させたイタリアのバルサミコ。サラダ全体にバランスよくかけられるスプレー容器入りです。輸入元はサンヨーエンタープライズ。

自家製ラスク

ラスクは一般的には甘いものが主流ですが、サ マーシュのラスクはどちらかと言うと、食事パンの延長線上にある素朴なラスクがほとんどです。パンをスライスして、少しだけ手を入れ、乾燥焼きするだけですが、おいしいと喜んでいただいています。焼くことで小麦の味がより鮮明に出るからでしょうか。ちょっとした軽食に、ワインのおつまみにもなります。次のような種類があります。

・プレーンラスク
・オリーブオイルと塩とレーズン
・ポテトパンチップス
・ポワブル サレ ラスク
・シナモンラスク
・オリーブオイルと塩のラスク
・黄パプリカのラスク

冷蔵ケース 生鮮に近い食材やサンドイッチなどの加工品を入れています。

自家製サンドイッチ

トンボ飲料 ノンアルコールワイン

セレブレは白ぶどう発酵果汁を使用したスパークリングワイン。アルコール0.00％なのに本格的な味わいがします。

自家製ケイク

ガトーフリュイ、ガトーフリュイショコラなど。季節によって変わります。

エシレ発酵バター

フランスのエシレ地方で、昔ながらの製法でつくられる発酵バター。世界中の有名店で使われています。焼き立てのパンにつけると最高です。

Fromagerie Miu. のチーズ

神戸のチーズ専門店が選んだ3種類のチーズを1人分1セットにしたチーズアソートをおいています。パンと一緒にワインのおともに。

弓削牧場のチーズ

神戸市内にある弓削牧場のチーズは私たち日本人にとても食べやすい。特に、弓削さんが誕生させた有名なフロマージュ・フレと、これも名高いカマンベールのよさも合わせたプチ・タローは、サ マーシュでも人気のチーズです。

カマンベール

フロマージュ・フレ

タカナシ 有機牛乳

日本ではじめて酪農の有機JAS規格の認定基準を満たした大地牧場の生乳のみを使用した牛乳です。

メツゲライ クスダ ハム・ソーセージ類

神戸料理学会を一緒に立ち上げた職人、楠田さんのハムやソーセージ、レバーペーストなど。全国の料理人が認めたおいしさです。

クカ ツナトロ缶詰

スペインの高級缶詰クカのツナトロのオリーブオイル漬け。

チーズ

チーズを楽しんでほしくて多種類を並べています。 ピエダングロワ、ブレスブルー、パヴェダフィノア、プチブルソー、タカナシの北海道クリームチーズなど。

コルテ・ボーナ プロシュート

パルマ産プロシュート。じっくり熟成した、ハード系のパンにぴったりの香り豊かな味わいです。

ルーラルカプリ農場 山羊乳ヨーグルト

岡山市の農場が搾り立ての山羊ミルクとデンマークの乳酸菌でつくる飲むヨーグルト。

フレド スペイン産アンチョビ

フレド社エリテのアンチョビは世界最高と言われるスペイン・カンタブリア海産。

リボン食品 オリーブスプレッド

風味豊かなヨーロッパ産オリーブオイルを使ったオリーブペースト。塩分控えめにつくられているので、添えられたロレーヌ岩塩を好みで加えます。

ドリンク用冷蔵ケースとアイスパン用冷凍ケース カフェのお客様に好評です。

ドリンク

牛乳やジュースは、体にやさしい飲み物であることを基準に選んでいます。

想いやりファーム／生乳
国内で唯一加熱殺菌をする必要がなく、搾ったそのままをびんに詰めた牛乳。牛に対して、飲む人に対して、また農場で働く人に対しても想いやりのある牛乳です。

フェアトレードコーヒー／エコブラック
森林伐採による農場ではなく、森を守る森林農法で育った有機栽培コーヒー豆を使ったコーヒー。すっきり澄んだ味です。

木次乳業／しろうさぎの豆乳
地場産（島根県産）の大豆を蒸さずに生搾りした濃く甘い豆乳。無菌充填なので長期間保存できます。

アイスクリームあんパン

冷凍パンです。ブリオッシュの生地にカスタードクリームといろいろな味のあんを入れています。あんは、抹茶、ワイン、いちじく、渋皮マロンなど。ワインは神戸の地ワイン・神戸ワインを使いました。夏の商品として発売しましたが、意外に、寒い時期にもよく出ています。

神戸ワインあん

抹茶あん

楽しみ方いろいろ

a パンもクリームもあんも冷たい→1時間ほど自然解凍。
b パンは熱く、クリームとあんは冷たい→冷凍のままオーブントースターで約3分（自然解凍後なら約1分）加熱。
c パンはふんわり、クリームとあんはやわらかい→冷凍のまま電子レンジで40秒〜1分弱加熱。
d パンはふんわり、クリームとあんは熱い→自然解凍後、電子レンジで約30秒加熱。

店舗デザインに合わせて

店の中にあるものは全部デザインのテイストを揃えたい、と強く意識していたわけではありませんが、好きなものを選んでいったら、結果的に店のデザインとぴったり合いました。色合いも木の色に合う、白、茶、黒をベースに、明る過ぎない赤が少し。

ロゴとショップカードのデザインは、陶芸家の金井和歌子さんにお願いしました。渋茶色のチェックは、今では「サ マーシュ チェック」と呼ばれるほど、店のイメージと同化しています。店をつくる前に考えた「アカデミック」「聡明」などという言葉 (P21)を見事に表現してくださったと思います。

店の調度品、販売スタッフの制服、パンをのせるトレー、パンの包材、片隅のパン・バスケットまでもが同じ雰囲気を持っていることで空間に落ち着きが出て、お客様にもゆったりとパン選びを楽しんでいただけているのではないかと思います。

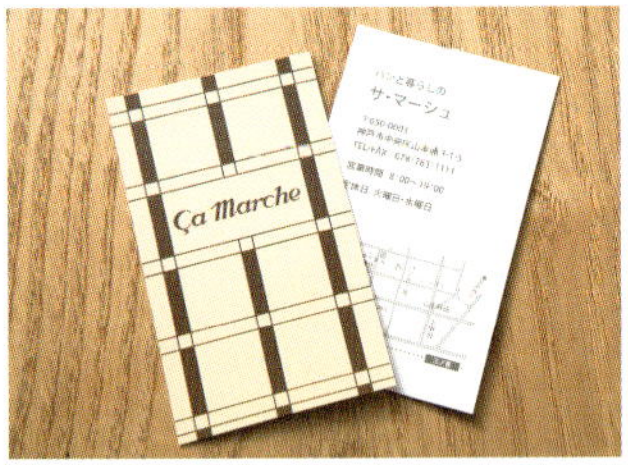

ショップカード

金井和歌子さんデザインのショップカード。このデザインから、バンダナ、エコバッグ、包材が生まれました。

フェーブ

ガレット デ ロワに入れるサ マーシュオリジナルのフェーブです。これも「サ マーシュ チェック」。販売もしています。

ロール紙

バゲットなどのフランスパン、焼きたての大きなカンパーニュ、その他、どんなパンにも対応できます。

シール

包材の中で唯一、華やいだ色使いのシール。白い袋に貼るときれいです。

紙袋

パンを入れる「サ マーシュ チェック」の紙袋。

白い袋

マチつきの白い紙袋はパンの大きさに合わせた大小。本当は紙だけでつくりたかったのですが、耐油性、耐水性を考えて裏をコーティグにしました。通気性があってほどよくパンの水分が抜けます。

セロファン

袋に直接入れたくない、たとえば、ナパージュを塗ったパンなどはセロファンに包んでから袋に入れます。セロファンにはロゴとパンのイラストを入れました。

ショッピングバッグ

紙製手さげ袋。白無地のバッグにロゴのシールを貼って使っています。マチを大きくとってたくさん入るようにしました。

ショッピングバッグ

ロゴ入りのビニール製手さげ袋。中に入れる紙袋のチェック柄や、シルの赤色が透けて見えるようにつくってもらいました。持ち手が太いので持ちやすいのも好評です。

エコバッグ

大小の木綿の袋。「サ マーシュ チェック」の布地でつくっています。販売していましたが完売してしまい、新しいエコバッグを製作中。

PART 4

パン屋になるということ

私は、パン職人になって本当に幸せだと思っています。自分が生かされていると感じられるからです。

これからパン屋さんになりたい人にも、その喜びを感じてほしいと思っています。もちろん、人の食生活をあずかるのですから責任を持たなくてはなりません。迷うこともありますが、困難には真面目に向き合うこと。職人らしい実のある仕事をすること。そうすれば進んでいけるものです。

西川功晃

店舗はつくった時がスタート地点

こうして、私たちのパン屋・サ マーシュは、2010年9月24日にオープンしました。

たとえ小さくても、自分の店を持つのはうれしいことです。
自分らしい店にするために私達が考えてきた道筋は、前のページで書いた通り。ただ､店ができたから終わり、というわけにはいきません。

写真提供：堺 裕二

サ マーシュも開店してわずか３年の間に、あちらこちらに手を入れました。目立つところでは、テラス席に屋根と仕切りをつけました。南欧風のパラソルは好きだったのですが、風にあおられて危険なのと、暑い時は日除けが、寒い時は風除けがないとお客様が落ち着けないと思ったからです。
テラス席に限らず、使ってみてはじめて「こうしたほうがいいのでは」という箇所が出てくるものです。また、パンの棚のように木を生かした部分が多いため、常にメンテナンスしていないと色あせて、清潔感がなくなります。その他、見えない場所にも随時、手をかけています。

テラス席はオープンスペースにパラソルを設置していたが、３年後にリフォームして屋根をつけた。強い風の日にも、雪の日にでさえ座って楽しんでいただけるようになった

手入れをしなくても、それなりに古い雰囲気が出ていいようなものですが、そうではありません。毎日の掃除をきちんとし、傷んだ箇所があれば新しくする。開店した時の気持ちのよい状態を維持するのは手間もお金もかかることですが、そこまでできてはじめて、店を持っていると言えるでしょう。

サンドイッチルームのランプシェード。意外に作業中に当たるため、割れにくい素材のものに変えた（写真上が開店当初のもの、下が現在のもの）

店頭に並べる前のパンを置いておく場所が足りなくなり、販売スペースに置く棚を追加。店のテイストに合わせて木製のオリジナル棚をつくった。棚下にはコンフィチュールのストック用の引き出しをつけ、スペースに無駄をつくらないよう引き出しの深さはビンの高さに合わせた

焼き上がったパンが厨房に置ききれなくなり、サンドイッチルームにラックを設置。清潔感のためと店内の雰囲気を壊さないため、天板のサイズにつくった木製のトレーを使用

パン屋になるのに必要なこと

まず挙げたいのが、体力。体力が第一とは、と思われるかもしれませんが、パン屋というのはそういう仕事なのです。
パン屋さんになりたくてたまらなくても、体力でついていけなくて辞める人をたくさん見てきました。熱い気持ちだけではできない仕事です。逆に、そんなに熱望したわけではないのに、続けていくうちに立派なパン職人になったという人もいます。体を鍛えて続ける、その先にプロとしてのパン屋の道が開けます。

２番目は、技術です。昔は勢いだけでパン屋をやっていくこともできましたが、今はそんな時代ではありません。感性はもちろんたいせつですが、食べる人もパンに対する意識が高くなって、技術がなくては続けていけません。どういうパン屋を目指しているかによって違いはありますが、私のような個人店を営むには技術がないと無理だと思います。
経験も、もちろん大事。経験、イコール技術です。

身近な人の意見をたいせつに

いちばんたいせつにしたいのは、自分のまわりの人。スタッフ、メーカーや材料問屋の人、ご近所の方、先輩や後輩。私は異業種の方々とのおつきあいもたいせつにしています。異業種の方と話すと情報量の多さに驚きます。知らない世界の話はとても楽しく、発想の仕方も違うので、新しいパンのヒントがたくさんあります。

お客様と接するのは主に販売スタッフですが、つくる人にとってもお客様をたいせつにするのは必要なことです。私は以前、クリームパンのカスタードクリームについて、直接お話したことがあります。パンの生地はおいしいのにクリームがお菓子屋さんのようにおいしくない、と言われたのです。炊き方を変えてみたところ、とてもおいしくなったという言葉をいただきました。実は、私はお菓子屋さんのクリームとパン屋のクリームは違うものと考えていたのですが、それは間違いだったわけです。

お客様の視点はプロの見方とは違うので、ヒントになることがとても多いですね。同じ意味で家族や友人の意見も貴重です。私の場合は奥さん（妻）ですが、お客様と同じ素直な目線で商品を見るので、気づかなかったことを指摘されたり、意識しないうちによい影響を受けています。

ロッテガロンヌ商会・
森田宏さん

材料屋さんは、パン屋にとってたいせつな知恵袋であり情報源です。森田さんとは『コム・シノワ』時代からのおつきあいで、品質のよいセミドライフルーツは、サ マーシュのパンを一層おいしくしてくれます

これからのパン屋の形

人それぞれ目指す形は違うと思いますが、私の願望は、パンだけでなくパンを取り巻くまわりの暮らしの提案、食の提案ができる店が理想です。つくったパンを売るだけでなく、食べる場所をつくって食べ方を提案する、楽しみ方を一緒に考える、そんな店にしたいと思います。
また、地域に根ざすこともたいせつです。自分の店だけでなく、周辺の店や人と一緒に盛り上がれる店がいいですね。
その店に行った価値が感じられるプラスアルファを持っていたいと思います。

おわりに

私は京都の生まれで、父の転勤で広島、姫路に引っ越し、中学で京都に戻りました。小さい頃から、お菓子をつくってまわりの人に食べさせるのが好きでした。おいしくなかったと思うけれど、みんな喜んでくれて、その顔が見たくてまたつくる。そんな子どもでした。２歳上のやさしい兄がいて、いつも後について歩いていたのですが、その兄が神戸のレストランに就職しました。ある日、兄が過労で救急車で運ばれたと知らせがありました。飄々とした兄が仕事ではそこまでするということに、ショックを受けました。今も私の中に鮮明に残る出来事です。私は中学、高校とサッカーに熱中していてプロを目指した時期もありますが、兄の影響で職人になりたいと思いました。兄は料理ですが、私はお菓子をやろうと。そして『タカキベーカリー』の高木俊介会長を紹介してもらい、『アンデルセン』に入れていただきました。『アンデルセン』は、私が幼稚園児だった広島時代、ガラスに顔をくっつけてパンを見ていた店。これが、私の長いパン職人生活のスタートです。

『アンデルセン』での最初の２年は失敗の連続でした。元来が好奇心旺盛なので、叱られたりひんしゅくを買ったり。しかし失敗のおかげで、機械の故障などあらゆる障害に対処できるようになりました。その後は、試作を繰り返したり、他の部署に首を突っ込んだり、パンのことをもっと知りたいという欲求のままに動きまわりました。

わがままだったと思いますが、高木会長に呼ばれた時に店に対する意見を述べ、もっと勉強をしたいと訴えた結果、思いがけず有給休暇をいただき、フランスとベルギーをまわることができました。一足先にフランスに行っていた兄を追った形になりましたが、はじめてのフランスで、料理、パン、お菓子のつながりを体験しました。高木会長には、パンの無限の広がり、魅力を感じさせていただきました。
『アンデルセン』ではもうお一人､お世話になった方がいます。私にパンの基礎を教えてくださった「パンの神様」のような城田幸信氏です。城田さんは確固とした技術を持ち、『タカキベーカリー』のパンをつくり上げた方。社内にパンの学校(ベーキングスクール)もつくりました。現在は『アンデルセン』の顧問をされています。私がまだ生地のまるめもうまくできなかった頃、手を添えてくださった感触、きれいにでき上がった時の感激を覚えています。年月を経た今も、私のパンのルーツはあの時にある、と思っています。

どうしてもお菓子がやりたいという思いで帰国し、幸運にも『オーボンヴュータン』に入りました。ここでは、それまでの経験はまったく通用しません。完敗でしたが、河田勝彦シェフからは貴重なことをたくさん教えられました。いちばん印象に残っているのは、「職人は労働者である」という言葉です。仕事は厳しく、自分がした仕事には責任をもたなければならない。当たり前なのですが、「仕事は汗水流して真剣にするもの」と痛感する毎日でした。だからこそ、河田シェフのお菓子には、魂から出る本物のデザイン性があるのですね。そして､「僕はパンにおいては完璧だと思っていたけれど、まだ極めていなかった」ということに気づかされました。

再びパンの世界に戻り、次に働いたのは『ビゴの店』。銀座店、芦屋本店とまわるうち、オーナーシェフのフィリップ・ビゴさんから学んだのは、パンは素朴なものだということ。ビゴさんのパンに対する感性、愛情は半端なものではありません。モノをつくるには、動物的な本能をたいせつにしなくては、と考えさせられました。

こうして振り返ると、人との出会いに恵まれていたからパンづくりの道を進んで来られたのだと思います。

特に、『コム・シノワ』の荘司 索シェフとの出会いは、人生最大のできごと、と言えるくらい大きいものです。職人である前に人間としてどうか、と自分に問いかけることを教えられました。もちろん、食の面でも影響は計り知れません。
荘司シェフとは、東京にいる頃に知り合いました。料理、パン、お菓子をトータルに考えた店を、という点で意気投合。いつか一緒にやろうと言っていただいていましたが、長い間そのままになっていました。震災をきっかけにして再会し、約束が実現したのが1996年。神戸に『コム・シノワ』のパン部門とも言える『ブランジェリー コム・シノワ』を立ち上げました。こうして食べたらもっとおいしいのではないか、もっと楽しいのではないか、とアイデアを話し合う。わくわくする時期でした。今でも揺るぎない気持ちでパンをつくり続けられるのは、荘司シェフと一緒に仕事をする中で、「自分のパンで人を幸せにできる」と思えるようになったからなのです。

ポジティブであれ

パン屋になって楽しいことは何ですかと聞かれたら、自分が生かされていると感じられること、と答えます。パン屋にならなかったら、こんなに充足した毎日は過ごせていなかったのではないでしょうか。
具体的に言えば、自分が表現したいことが実現できること。
それによって、人が喜んでくれること、役に立てるということがうれしい。

パン屋になると、というより何の職業でも、辛いと感じることも多いでしょう。いちばん辛いのは、自分の思うようにいかない時。どう考えても進み方がわからなくなる時があります。
その場面をどう克服していくか。
ポジティブに捉えて前に進むことです。どうにかなる、大丈夫、と思うこと。後々になって、あの失敗はこれのためにあったのだ、と思える日が絶対に来ます。だから、この失敗は次の成功のためだ、ぐらいに考えてください。
ネガティブだと何事も解決しません。ポジティブになって視点を変えてみる。それが成功につながるポイントだと思います。

パン生地の配合

「サ マーシュのパン」(P63～89)に掲載したパンの、生地の配合を紹介します。
数値はベーカーズ・パーセントです。

バゲット コメパーネ

カラー写真→P63

[コメパーネ生地]
うるち米粉　80
もち米粉　20
グラニュー糖　3
塩　2
スキムミルク　3
インスタントドライイースト　14
ルヴァンリキッド　10
水　100
太白ごま油　3

どっさりレーズンブレッド

カラー写真→P64

[パン コンプレ生地]
中力粉　80
全粒粉　20
グラニュー糖　2
塩　2
インスタントドライイースト　1
水　70
フランス発酵生地　20

・パン コンプレ生地500gに対してレーズン500gとシロップ25gを混ぜ込む。

パッチワーク

カラー写真→P65

[パン ド ミ生地]
強力粉　100
きびら(喜美良)糖　5
トレハロース　2
塩　2
スキムミルク　5
インスタントドライイースト　0.5
ルヴァンリキッド　15
水　58
牛乳　20
マーガリン　6

・パン ド ミ生地1000gに対してそれぞれ次の材料を混ぜ込み、4種類の生地をつくって組み合わせる。

[黒ごま生地]
ごまペースト100g
[抹茶生地]
抹茶10g、小豆甘納豆400g
[かぼちゃ&レーズン生地]
かぼちゃ200g、レーズン150g、カレンズ150g
[にんじん生地]
にんじんのグラッセ200g、オレンジピール200g

ソフトクリームパン

カラー写真→ P66

[パン ド ミ生地]

強力粉　100
きびら（喜美良）糖　5
トレハロース　2
塩　2
スキムミルク　5
インスタントドライイースト　0.5
ルヴァンリキッド　15
水　58
牛乳　20
マーガリン　6

[ブリオッシュ生地]

強力粉　100
グラニュー糖　17.5
塩　1.6
インスタントドライイースト　1.6
ルヴァンリキッド　40
牛乳　40
全卵　15
加糖卵黄　15
バター（食塩不使用）　15
マーガリン　15

・パン ド ミ生地50％とブリオッシュ生地50％を合わせた生地をつくる。
・その生地で手づくりカスタードクリームを包み、アーモンドの刻みをトッピングする。

ルーレ ペルデュ

カラー写真→ P66

[ブリオッシュ生地]

強力粉　100
グラニュー糖　17.5
塩　1.6
インスタントドライイースト　1.6
ルヴァンリキッド　40
牛乳　40
全卵　15
加糖卵黄　15
バター（食塩不使用）　15
マーガリン　15

・ブリオッシュ生地500gでラム風味のカスタードクリーム110g、パン・ペルデュを細かく刻んだもの300gを巻き込む。
・ラム風味のカスタードクリームは、カスタードクリーム100gとラム酒10gを合わせたもの。

ショコラ レザン マカロン

カラー写真→ P66

[ブリオッシュ生地]

強力粉　100
グラニュー糖　17.5
塩　1.6
インスタントドライイースト　1.6
ルヴァンリキッド　40
牛乳　40
全卵　15
加糖卵黄　15
バター（食塩不使用）　15
マーガリン　15

・ブリオッシュ生地1000gに対してチョコレートペースト150g、レーズン300gを混ぜ込む。
・焼く前にアーモンドクリームを塗り、アーモンドスライスをトッピングする。

プティ クリームパン

カラー写真→ P66

[ブリオッシュ生地]

強力粉　100
グラニュー糖　17.5
塩　1.6
インスタントドライイースト　1.6
ルヴァンリキッド　40
牛乳　40
全卵　15
加糖卵黄　15
バター（食塩不使用）　15
マーガリン　15

・ブリオッシュ生地30gでカスタードクリーム30gを包み、アーモンドのクリームを塗る。

ベーグル モワティエ チョコ

カラー写真→P68

[ベーグル モワティエ生地]

うるち米粉　50
強力粉　50
グルテン粉　10
グラニュー糖　6
塩　15
スキムミルク　3
インスタントドライイースト　15
水　80
太白ごま油　5

・ベーグル モワティエ生地1000gに対してチョコレートペースト150g、チョコレートチップ100gを混ぜ込む。

ベーグル モワティエ 栗とくるみ

カラー写真→P68

[ベーグル モワティエ生地]

うるち米粉　50
強力粉　50
グルテン粉　10
グラニュー糖　6
塩　15
スキムミルク　3
インスタントドライイースト　15
水　80
太白ごま油　5

・ベーグル モワティエ生地1000gに対して栗ペースト200g、くるみ200gを混ぜ込む。

ベーグル モワティエ ナチュール

カラー写真→P68

[ベーグル モワティエ生地]

うるち米粉　50
強力粉　50
グルテン粉　10
グラニュー糖　6
塩　15
スキムミルク　3
インスタントドライイースト　15
水　80
太白ごま油　5

ベーグル モワティエ 抹茶とホワイトチョコレート

カラー写真→P68

[ベーグル モワティエ生地]

うるち米粉　50
強力粉　50
グルテン粉　10
グラニュー糖　6
塩　15
スキムミルク　3
インスタントドライイースト　15
水　80
太白ごま油　5

・ベーグル モワティエ生地1000gに対して抹茶ペースト75g、ホワイトチョコレートチップ100gを混ぜ込む。

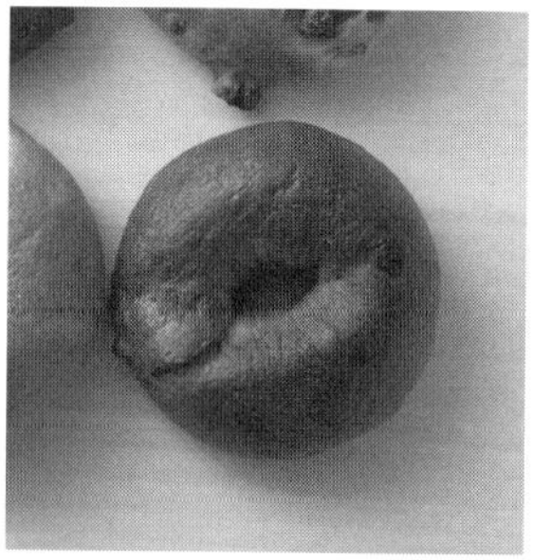

ベーグル モワティエ チーズ

カラー写真→P69

[ベーグル モワティエ生地]

うるち米粉　50
強力粉　50
グルテン粉　10
グラニュー糖　6
塩　15
スキムミルク　3
インスタントドライイースト　15
水　80
太白ごま油　5

・ベーグル モワティエ生地にナチュラルチーズをたっぷりのせて焼く。

パン ドゥ◯《マル》

カラー写真→P70

[パン ドゥ生地]

中力粉　100
きびら（喜美良）糖　15
塩　1.5
スキムミルク　3
インスタントドライイースト　1
ルヴァンリキッド　20
水　46.5
バター（食塩不使用）　3

抹茶のパン ドゥ

カラー写真→P71

[パン ドゥ生地]

中力粉　100
きびら（喜美良）糖　15
塩　1.5
スキムミルク　3
インスタントドライイースト　1
ルヴァンリキッド　20
水　46.5
バター（食塩不使用）　3

・パン ドゥ生地1000gに対して抹茶パウダー20g、水40gを混ぜ込む。

りんごとサツマイモ シナモン風味のライ麦パン

カラー写真→P72

[パン ド セーグル生地]

ライ麦　100
水　100
強力粉　125
塩　4.2
インスタントドライイースト　2
ルヴァンリキッド　50
水　50
ビタミンＣ溶液　0.5
モルトシロップ　0.5

・ライ麦は水（100）に一晩浸して吸水させてから使用。
・ビタミンＣ溶液は、水（200mℓ）にビタミンＣ粉末（1g）を溶かしたもの。
・パン ド セーグル生地500gに対してりんごのプリザーブ100g、サツマイモ100g、シナモン2gを混ぜ込む。

しそじとサツマイモ ルーレ コメパーネ

カラー写真→P73

[コメパーネ生地]
うるち米粉　80
もち米粉　20
グラニュー糖　3
塩　2
スキムミルク　3
インスタントドライイースト　14
ルヴァンリキッド　10
水　100
太白ごま油　3

・コメパーネ生地500gにしそじ（しその粉末）5g、サツマイモ250gを巻き込む。

ハートのモワティエ

カラー写真→P74

[コメパーネ生地]
うるち米粉　80
もち米粉　20
グラニュー糖　3
塩　2
スキムミルク　3
インスタントドライイースト　14
ルヴァンリキッド　10
水　100
太白ごま油　3

[レジェイ生地]
中力粉　100
ライ麦全粒粉　12.5
小麦全粒粉　12.5
グラニュー糖　2.5
塩　3.2
インスタントドライイースト　1
水　81
マーガリン　3
ルヴァン種　70
フランス発酵生地　12.5

・コメパーネ生地50%とレジェイ生地50%を合わせた生地をつくる。

クラム フリュイ

カラー写真→P75

[パン ド ミ生地]
強力粉　100
きびら（喜美良）糖　5
トレハロース　2
塩　2
スキムミルク　5
インスタントドライイースト　0.5
ルヴァンリキッド　15
水　58
牛乳　20
マーガリン　6

[ブリオッシュ生地]
強力粉　100
グラニュー糖　17.5
塩　1.6
インスタントドライイースト　1.6
ルヴァンリキッド　40
牛乳　40
全卵　15
加糖卵黄　15
バター（食塩不使用）　15
マーガリン　15

・パン ド ミ生地50%とブリオッシュ生地50%を合わせた生地をつくる。
・その生地60gでクラムフリュイ100gを包む。
・クラムフリュイは数種類のドライフルーツとパンクラムを混ぜたもの。

ソフトブリオッシュ チーズ

カラー写真→P76

[ブリオッシュ生地]
強力粉　100
グラニュー糖　17.5
塩　1.6
インスタントドライイースト　1.6
ルヴァンリキッド　40
牛乳　40
全卵　15
加糖卵黄　15
バター（食塩不使用）　15
マーガリン　15

・ブリオッシュ生地50gにナチュラルチーズ15gをのせて焼く。

ソフトブリオッシュ クランベリー

カラー写真→P77

[ブリオッシュ生地]

強力粉　100
グラニュー糖　17.5
塩　1.6
インスタントドライイースト　1.6
ルヴァンリキッド　40
牛乳　40
全卵　15
加糖卵黄　15
バター（食塩不使用）　15
マーガリン　15

・ブリオッシュ生地500gにクランベリー150g、オレンジピール35gを混ぜる。

カンパーニュ

カラー写真→P78

[パン ド カンパーニュ生地]

強力粉　50
中力粉　50
小麦全粒粉　12.5
ライ麦全粒粉　12.5
水　87
塩　3
ルヴァンリキッド　10
モルトシロップ　0.4
天然酵母生地　50

ショコラカール

カラー写真→P79

[バゲット カール生地]

ポーリッシュ種
　強力粉　100
　インスタントドライイースト　0.1
　水　120
強力粉　50
うるち米粉　10
グルテン粉　2
塩　3
インスタントドライイースト　0.2
水　15
モルトシロップ　0.2
ビタミンC溶液　0.1

・ポーリッシュ種を先につくり、本捏用の他の材料と合わせて生地をつくる。
・ビタミンC溶液は、水（200mℓ）にビタミンC粉末（1g）を溶かしたもの。
・バゲット カール生地1000gに対してチョコペースト150gを混ぜ込む。
・チョコペーストは、オリーブオイル20g、ココア100g、水110g、インスタントコーヒー5gの割合。

セーグル フィグ

カラー写真→P80

[パン ド セーグル生地]

　ライ麦　100
　水　100
強力粉　125
塩　4.2
インスタントドライイースト　2
ルヴァンリキッド　50
水　50
ビタミンC溶液　0.5
モルトシロップ　0.5

・ライ麦は水（100）に一晩浸して吸水させてから使用。
・ビタミンC溶液は、水（200mℓ）にビタミンC粉末（1g）を溶かしたもの。
・パン ド セーグル生地1000gに対してセミドライフィグ300gを混ぜ込む。

ブレスレット

カラー写真→P81

[パン コンプレ生地]
中力粉　80
全粒粉　20
グラニュー糖　2
塩　2
インスタントドライイースト　1
水　70
フランス発酵生地　20

・パン コンプレ生地を細くのばしながら輪にし、粗塩をふる。

クランベリーとボイセンベリークリームチーズ入り

カラー写真→P82

[ボイセンベリーの生地]
強力粉　100
塩　2
インスタントドライイースト　1
モルトシロップ　2
ボイセンベリー果汁　400
水　400
マーガリン　100

・ボイセンベリーの生地1000gに対してクランベリー200gを混ぜ込む。
・その生地100gでクリームチーズ15gを包む。

チェダークッペ

カラー写真→P83

[フランス生地]
準強力粉（スワソン）　50
強力粉（キタノカオリ）　50
塩　1.6
インスタントドライイースト　0.2
ルヴァンリキッド　5
モルトシロップ　0.2
ビタミンC溶液　0.05
水　69

・ビタミンC溶液は、水（200mℓ）にビタミンC粉末（1g）を溶かしたもの。
・フランス生地100gでチェダーチーズ40gを包む。

マルグリ

カラー写真→P84

[フランス生地]
準強力粉（スワソン）　50
強力粉（キタノカオリ）　50
塩　1.6
インスタントドライイースト　0.2
ルヴァンリキッド　5
モルトシロップ　0.2
ビタミンC溶液　0.05
水　69

・ビタミンC溶液は、水（200mℓ）にビタミンC粉末（1g）を溶かしたもの。

クーロンヌ

カラー写真→ P85

[フランス生地]
準強力粉（スワソン） 50
強力粉（キタノカオリ） 50
塩 1.6
インスタントドライイースト 0.2
ルヴァンリキッド 5
モルトシロップ 0.2
ビタミンＣ溶液 0.05
水 69

・ビタミンＣ溶液は、水（200mℓ）にビタミンＣ粉末（1g）を溶かしたもの。

プリミティブ イタリアーノ

カラー写真→ P86

[フランス生地]
準強力粉（スワソン） 50
強力粉（キタノカオリ） 50
塩 1.6
インスタントドライイースト 0.2
ルヴァンリキッド 5
モルトシロップ 0.2
ビタミンＣ溶液 0.05
水 69

・ビタミンＣ溶液は、水（200mℓ）にビタミンＣ粉末（1g）を溶かしたもの。
・焼成前にオリーブオイルを塗り、塩をふる。

米粉のクロワッサン

カラー写真→ P88

[米粉のクロワッサン生地]
うるち米粉 80
強力粉 20
グルテン粉 20
グラニュー糖 10
塩 2
スキムミルク 3
インスタントドライイースト 1.5
水 82.5
バター（食塩不使用） 2.625
発酵バター（折り込み用） 62.5

ガレット デ ロワ

カラー写真→ P89

[ガレット デ ロワ生地]
強力粉 50
薄力粉 50
塩 2
白ワインビネガー 3
水 40
無塩バター（溶かしバター） 10
発酵バター（折り込み用） 75

・ガレット デ ロワ生地でクレーム ダマンドを包む。

西川 功晃
Takaaki Nishikawa

1963年京都生まれ。『サ マーシュ』のオーナーシェフブーランジェ。広島『アンデルセン』、東京『オーボン・ビュータン』、東京と芦屋『ビゴの店』を経て、神戸『コム・シノワ』グループの荘司 索オーナーシェフに出会い、1996年に荘司シェフとともに『ブランジェリー コム・シノワ』を立ち上げ、次々に斬新なパンを発表して注目を集める。2010年、神戸・北野に自身のブランジェリー『パンと暮らしのサ マーシュ』をオープンする。著書に「新しい料理パンの世界」、「パンの教科書」、「バラエティーパンの教科書」、「パン・キュイジーヌ」、「みんなのパン！」「米粉のパン」（いずれも旭屋出版）。

西川 文
Fumi Nishikawa

大学卒業後、『株式会社タカキベーカリー』に入社。パンの販売や販売促進業務そして店の開店業務も経験し、種々の企画業務に携わる。1998年、西川功晃氏と結婚。

Ça Marche
パンと暮らしの
サ マーシュ

神戸市中央区山本通3-1-3
電話 078-763-1111

スタッフ(後列左から)
渡邊俊和、毛利謙太、堀田智子、山畑ゆり、加茂可奈子、青山さくら

協力(五十音順)
今本美智雄(ベーカーズ・プロダクション)
堺 裕二(SOLID PLAN)
丹生眞理子(丹生眞理子建築設計事務所)

企画・編集
節丸元子(らいむす企画)

撮影
東谷幸一

デザイン
宮下郁子(らいむす企画)

資料・写真
「米粉のパン」旭屋出版
「パンの教科書」旭屋出版
「神戸・北野 レストランガイド」旭屋出版

店舗工事中写真
西川 文 らいむす企画

パン屋さんのつくり方
私たちの店はこうしてできました

発行日 2014年 4月 2日 初版発行

著 者 西川功晃《にしかわたかあき》 西川《にしかわ》 文《ふみ》
発行者 早嶋 茂
制作者 永瀬正人

発行所 株式会社 旭屋出版

〒107-0052
東京都港区赤坂1-7-19 キャピタル赤坂ビル8階

郵便振替 00150-1-19572

TEL 03-3560-9065（販売）
03-3560-9066（編集）
FAX 03-3560-9071（販売）
03-3560-9073（編集）
URL http://www.asahiya-jp.com

印刷・製本 凸版印刷株式会社

ISBN978-4-7511-1085-0 C2034